"十四五"职业教育部委级规划教材

中高职一体化新形态活页式教材

U0689932

时尚创意人物造型设计教程

郑御真　蒋盈盈　童暄涵　**编 著**
陈自法　徐　畅　**副主编**

中国纺织出版社有限公司

内 容 提 要

本书为"十四五"职业教育部委级规划教材。本书结合职业院校形象设计专业、人物造型设计专业的教学特点，以浅显易懂的语言、步骤翔实的实操过程，以及丰富的示范图片和相关造型关键点的教学视频，进行不同风格的人物造型设计，如时尚新娘、时尚晚宴人物、时尚复古人物、时尚古风人物等。

本书可作为职业院校相关专业师生的教材，也可供人物造型行业从业者参考使用。

图书在版编目（CIP）数据

时尚创意人物造型设计教程 / 郑御真，蒋盈盈，童暄涵编著. -- 北京：中国纺织出版社有限公司，2025. 4. --（"十四五"职业教育部委级规划教材）. -- ISBN 978-7-5229-2360-4

Ⅰ. TS974. 12

中国国家版本馆 CIP 数据核字第 2024F8A035 号

责任编辑：宗 静 苗 苗 特约编辑：渠水清
责任校对：高 涵 责任印制：王艳丽

中国纺织出版社有限公司出版发行
地址：北京市朝阳区百子湾东里 A407 号楼 邮政编码：100124
销售电话：010—67004422 传真：010—87155801
http://www.c-textilep.com
中国纺织出版社天猫旗舰店
官方微博 http://weibo.com/2119887771
北京通天印刷有限责任公司印刷 各地新华书店经销
2025 年 4 月第 1 版第 1 次印刷
开本：787×1092 1/16 印张：17.5
字数：280 千字 定价：68.00 元

作为《时尚创意人物造型设计教程》的作者之师，能为此书作序，我深感荣幸。回首与作者们共同探索时尚创意人物造型设计的岁月，那段经历仍历历在目。此书不仅汇聚了她们多年的辛勤努力与坚持，更是她们在时尚设计领域热情追求与不懈探索的见证。

作者凭借独特的视角和丰富的经验，呈现了一部全面而系统的作品，不仅涵盖了时尚创意人物造型设计的基本原理和精湛技艺，还融入了当前的流行趋势和创新理念。通过阅读本书，读者能够深入汲取知识，熟练掌握技能，从而创造出独特且引人注目的时尚造型。同时，书中案例与实践经验的分享，也为读者提供了宝贵的借鉴与启示。

我坚信，这本教材将成为时尚设计领域的重要参考书，为广大读者在时尚道路上的成长与发展提供有力支持。展望未来，时尚创意人物造型设计将继续创新，融合多元文化，展现出更加丰富多彩的风格。它将不断突破传统束缚，引领潮流，为人们带来更多惊喜与美的享受。

作为作者的老师，我为她们的辉煌成就感到自豪，并衷心希望这本教材能激发更多人对时尚创意人物造型设计的热爱与激情，助力她们在这一绚烂领域中绽放出自己的独特光彩。

纽天一

2024 年 4 月 6 日

前言
FOREWORD

　　党的二十大报告指出"我们要坚持教育优先发展、科技自立自强、人才引领驱动，加快建设教育强国、科技强国、人才强国，坚持为党育人、为国育才，全面提高人才自主培养质量，办好人民满意的教育"，以及全国两会政府工作报告中提出的"坚持把高质量发展作为各级各类教育的生命线，大力提高职业教育质量，优化学科专业和资源结构布局，坚持教育优先发展，加快推进教育现代化"，都明确了教育的重要性和全局性地位，也为职业教育和职业改革的发展指明了方向。

　　时尚不仅仅是关于衣物和外表的装饰，它更是一种表达个性和情感的方式，是文化、艺术和社会现象的综合体现。而人物造型设计，则是将时尚元素与人物形象相结合，通过妆容、发型、服装等手段，展现出独特而富有创意的形象。从古代的造型文化到现代的时尚造型潮流，从传统的审美观念到现代的创意设计，这一领域在不断演变和发展。时尚创意人物造型设计对当代人们生活的影响也是深远且多方面的，不仅能够塑造和强化个人的外在形象，如通过独特的整体造型设计打造出与人物性格、职业和身份相契合的形象，以此来提升个人的形象魅力和吸引力，还能够传递出个人的价值观和生活态度。人物造型设计除了能够提升个人的外在形象和内在表达外，还能够传递社会信息和文化内涵，推动相关产业经济高质量发展。因此，我们应该重视时尚创意人物造型设计的作用和价值，并积极支持和推动其发展。

　　本书结合中等职业学校和高等职业学校在专业上的发展，以及形象设计专业、人物造型设计专业学生的特点，依据形象设计行业和职业的基本工作流程，选择形象设计行业工作的典型工作任务为载体，力求体现"以职业活动为导向，以职业技能为核心，以培养学生综合职业能力为关键"的指导思想，旨在培养复合型技能型人才。本书把学生上岗前需要具备的化妆造型专业知识和技能呈现出来，使用浅显易懂的语言讲解造型的相关知识，分步骤讲解实际操作过程，并配以大量的操作示范图片和相关造型关键点的示教微视频，对于提高中高职形象造型设计相关专业的学生从事时尚创意人物造型行业的能力和水平，具有较强的指导意义。

本教材在每一任务中都有针对性地设置了任务目标、情境描述、相关知识、任务拓展、课堂笔记等环节，内容丰富翔实。本教材既可作为形象设计专业中职或高职学生的学习用书，也可作为美容师岗位培训及爱美人士学习的参考书，建议总教学课时为154～226课时，具体课时分配如下（供参考）。

项目	课程内容	建议课时
一	时尚人物造型设计概述	8～12课时
二	时尚新娘人物造型设计	18～24课时
三	时尚晚宴人物造型设计	24～34课时
四	时尚复古人物造型设计	24～36课时
五	时尚古风人物造型设计	24～36课时
六	创意人物造型设计概述	8～12课时
七	"非遗"元素创意人物造型设计	24～36课时
八	环保材料元素创意人物造型设计	24～36课时

本教材由郑御真、蒋盈盈、童暄涵编著，参与本书编写的还有陈自法、徐畅、陈鑫跃、梁怡红、蜜陶婚纱概念馆，同时解露露、徐雨晴、辛秋萍、郑妙妙、江雨婷、陈雯婕、何音音、何诗雨、葛馨苗、刘欣、虞怡静、张露、肖佳颖、李灵钰、杨诗韵、赵婉倩、陈梦娇、袁首康、陈忆文、朱溢溢、李子怡、叶祎晨、孔欣怡、李丹橙、武晓娜等同学担任步骤分解图模特。本教材在编写的过程中得到了浙江横店影视职业学院、台州第一技师学院、台州市椒江区第二职业学校及相关处室部门的大力支持，周凌翔先生的摄像支持以及本专业学生们的造型图片支持，在此向横影学院21级时尚表演与传播专业、20级摄影1班、21级摄影4班的同学们一并表示感谢！

本教材参考和应用了一些专业人士的相关资料，转载了有关图片，在此对他们表示衷心的感谢。我们在书中尽力注明，如有遗漏之处，请与我们联系。由于作者水平有限，时间仓促，书中难免有不足之处，敬请广大读者提出宝贵的意见和建议，以求不断改进，使教材再版时进一步修订完善。

作者

2024年4月1日

配套教学视频资源目录

目 录
CONTENTS

项目一

时尚人物造型设计概述

项目内容： 任务一　时尚人物造型的定义

任务二　时尚人物造型设计

任务三　时尚人物造型设计方法与流程

学习时间： 8~12课时

学习情景： 人物造型实训室

学习目标：

知识目标：

理解时尚人物造型的定义和特点，掌握时尚人物造型设计的基本原则和方法，了解时尚人物造型的流程与步骤，熟悉人物造型过程中所需的技巧、工具和产品选择，培养对时尚潮流的敏感性以及解决人物造型过程中常见问题的能力。

能力目标：

熟练运用人物造型技巧和工具进行时尚人物造型设计，能够根据客户的需求和个人特点量身定制人物造型方案，具备分析客户面部特征和肤色的能力，以及灵活应用时尚趋势指导人物造型设计，解决人物造型过程中出现的各种挑战和问题的能力。

素养目标：

培养学生对美学和时尚的敏感性和理解能力，提升学生对个人形象管理的意识，促进学生的审美情趣和创造力发展，加强学生的沟通与协作能力，培养学生的专业素养和职业道德意识，提高学生的自我表达能力和自信心。

任务一　时尚人物造型的定义

任务目标

1.深入了解时尚人物造型的概念和定义

2.理解时尚人物造型与传统人物造型的区别

3.掌握时尚人物造型在个人形象塑造中的重要性

4.了解时尚人物造型对于不同场合和需求的适用性

情境描述：

　　在人物造型学校的课堂上，老师向学生介绍本节课的内容——时尚人物造型的定义。学生们专注地听着老师讲解，有的记录笔记，有的举手提问。课堂氛围活跃，每个人都期待着更深入地了解时尚人物造型的概念和意义。

相关知识

　　时尚人物造型不仅仅是简单的人物造型，更是一种艺术表达和个人风格的展现。它是通过人物造型技巧和造型设计，使个体在外观上更加美丽、自信和符合时尚潮流的一种过程。时尚人物造型融合了艺术美学、个人审美和时尚趋势，旨在塑造独特的形象和风格，展现个人的魅力和品位。

　　在当今社会，时尚人物造型已经成为人们日常生活中不可或缺的一部分。无论是在职场上、社交场合还是日常生活中，都能看到人们精心打扮的造型。它不仅可以提升个人形象和自信心，还可以反映个人对于时尚和美的追求。因此，时尚人物造型在塑造个人形象、展示个人品位方面发挥着重要作用。

　　时尚人物造型的设计需要考虑个体的特征和时尚趋势之间的平衡。通过合理的色彩搭配、人物造型选择和造型设计，使个体在不同场合展现出最佳的状态和风格。时尚人物造型既要符合个人的特点和喜好，又要能够与时尚潮流保持一致，从而达到最佳的美学效果。

一、引言

时尚人物造型作为现代社会中不可或缺的一部分，已经成为人们日常生活中的重要环节。在这个时代，人们越来越注重外在形象的呈现，而人物造型正是其中至关重要的一环。随着时代的发展，时尚人物造型已经不再只是简单地遮瑕或修饰，而是成了一种艺术表达和展现个性的方式（图1-1-1）。

时尚人物造型不仅仅是为了美化外表，更是一种对内心的态度和自我认知的表现。通过人物造型，人们可以表达自己的个性、情感和审美追求，从而在社交场合中展现出独特的魅力和自信。尤其是在当今社交媒体盛行的时代，人物造型更是展示自我、吸引目光的重要方式之一（图1-1-2）。

随着时尚产业的不断发展和变化，时尚人物造型也在不断创新。不同的时尚潮流带来了不同的人物造型趋势和风格，使人物造型变得更加多样化和个性化。无论是在日常生活中还是在特殊场合，人们都可以通过人物造型来展现自己的个性和时尚品位。

图1-1-1 时尚人物造型（1）

图1-1-2 时尚人物造型（2）

二、时尚人物造型的意义

时尚人物造型不仅仅是简单的外表修饰，更是一种对内在自我的展现和外在形象的塑造，其意义体现在以下几个方面。

（一）提升个人自信

通过精心设计的时尚人物造型，能够使个体感到更加自信和自尊。良好的外表形象会带来积极的心理反馈，增强个人对自己的认同感和自信心。

（二）塑造个人形象

时尚人物造型是展现个人风格和品位的重要方式之一。不同的人物造型风格和造型设计能够突出个体的特点，树立个人独特的形象和品牌。例如，时尚设计师卡尔·拉加菲尔德是时尚人物造型的代表人物（图1-1-3）。他常常穿着经典的黑色西装配以高领白衬衫，再加上一副醒目的墨镜，展现出一种独特的优雅和精致感。他的长发通常梳理得整齐利落，给人以干练的印象。总体上，他的个人形象体现了时尚与经典的完美结合，成为无数时尚追随者的榜样。

图1-1-3 卡尔·拉加菲尔德（图片来源：搜狐网）

（三）增强社交能力

良好的外表形象往往能够吸引他人的注意和好感，从而促进社会交流和人际关系的建立。时尚人物造型能够让个体在社交场合中更加得体、自信地展现自己。

（四）反映时尚趋势

时尚人物造型紧跟时尚潮流，反映了当下社会和文化的审美标准和价值取向。通过了解和掌握最新的人物造型趋势和技巧，个体能够更好地适应社会环境并保持与时俱进的形象。

（五）表达个性和创意

时尚人物造型是个体个性和创意的重要表达方式。不同的人物造型风格和造型设计能够展现个人的独特魅力和审美观，让个体在人群中脱颖而出。

三、时尚人物造型的特点

时尚人物造型具有多样性、个性化、与时俱进、艺术性和创意性等特点，使其成为现代社会中不可或缺的一部分。

（一）多样性

时尚人物造型具有极大的多样性，可以根据不同的场合、个人特点和时尚趋势进行灵活设计。无论是清新自然的日常妆容，还是华丽夸张的舞台妆容，都可以在时尚人物造型中找到对应的表现方式。

（二）个性化

时尚人物造型强调个体的个性和独特魅力，注重将人物造型设计与个体特点相结合，突出个体的个性特征和审美品位。每个人都可以根据自己的喜好和风格，打造独具个性的人物造型。

（三）与时俱进

时尚人物造型紧跟时尚潮流的变化，不断创新和更新。造型师们时刻关注着最新的时尚趋势和流行元素，将其融入人物造型设计中，使之保持与时俱进的特点。

（四）艺术性

时尚人物造型不仅仅是简单的人物造型技巧，更是一种艺术表达和审美追求。造型师们通过色彩、线条、比例等各种元素的运用，将人物造型设计变得富有艺术感和美感。

（五）创意性

时尚人物造型充满了创意和想象力，造型师们通过巧妙的设计和技巧，打造出各种新颖独特的人物造型作品。他们可以通过不同的人物造型产品和工具，使个体的形象千变万化，展现出无限的创意和想象力。

四、时尚人物造型的目标

时尚人物造型的目标是突出个人特征、展现个人风格、追求时尚趋势、增强自信和魅力，以及实现整体美学效果。通过达成这些目标，时尚人物造型能够为个体带来更多的自信、成功和幸福。

（一）突出个人特征

时尚人物造型的首要目标是突出个体的特点和魅力。通过人物造型设计和造型技巧，凸显个体的面部轮廓、眼睛、嘴唇等特征，使其在外观上更加突出和引人注目。

（二）展现个人风格

时尚人物造型致力于展现个体的个性和审美品位。造型师们会根据个体的喜好、职业、社交圈子等因素，设计出与个体风格相符的人物造型，使其在人群中脱颖而出。

（三）追求时尚趋势

时尚人物造型的目标之一是与时尚潮流保持一致。造型师们会不断关注最新的时尚趋势和流行元素，将其融入人物造型设计中，使之保持与时俱进的特点。

（四）增强自信和魅力

时尚人物造型的目标之一是通过外在形象的改变，增强个人的自信和魅力（图1-1-4）。精心设计的人物造型能够

图1-1-4　时尚人物造型（3）

让个体感到更加自信和自尊，从而在社交和职场中更加得体和成功。

（五）实现整体美学效果

时尚人物造型追求的是整体美学效果的最佳展现。造型师们会综合考虑个体的面部特征、服装搭配、场合氛围等因素，设计出与整体形象和气质相符的人物造型，使之呈现出最佳的美学效果。

五、结论

时尚人物造型作为塑造个人形象、展现个人风格的重要手段，扮演着不可或缺的角色。本节探讨了时尚人物造型的定义、意义、特点和目标，加深了对其重要性和影响的理解。

时尚人物造型的多样性和个性化特点，使其能够满足不同个体的需求和追求。在时尚人物造型的指导下，个体可以通过合理的人物造型设计和造型技巧，展现出独特的个人魅力和品位，提升自身形象和自信心。

与此同时，时尚人物造型的与时俱进性和艺术性，也为造型师和个体提供了更广阔的发展空间和创作灵感。在追求时尚趋势和实现整体美学效果的同时，造型师们也在不断探索和创新，为时尚人物造型注入新的活力和魅力。

时尚人物造型不仅是外在形象的呈现，更是内心态度和个性表达的体现。通过课程的学习和实践，能够不断提升自己的人物造型技能，展现出更加自信、魅力和时尚的形象，为个人的成功和幸福添彩增光。

任务拓展

课后结合本节教学目标、内容和评价标准，收集5款时尚人物造型作品。

课堂笔记

_____

_____

_____

_____

_____

任务二　时尚人物造型设计

任务目标

1.学习时尚人物造型设计的基本原则和方法

2.掌握根据不同人群（个体）需求和个人特点设计人物造型方案的技巧

3.理解如何结合最新的时尚趋势为不同人群（个体）定制人物造型方案

情境描述：

　　在人物造型教室里，学生们聚在一起，准备学习时尚人物造型设计。老师向他们展示了不同的造型案例，并指导他们如何设计出符合时尚潮流的妆容。整个工作室充满了创意和活力，每个人都渴望成为优秀的时尚人物造型设计师。

相关知识

一、时尚人物造型设计的目标和原则

时尚人物造型设计的目标在于通过人物造型技巧和造型设计，实现以下核心目标和原则。

（一）突出个人特征

时尚人物造型设计的首要目标是突出个体的特点和魅力。造型师需要充分了解个体的面部特征、肤质状况和审美需求，通过合理的人物造型技巧和造型设计，凸显个体的优势特征，使其在人物造型后更加自信和美丽。

（二）展现个人风格

时尚人物造型设计强调个体的个性化和独特魅力。造型师需要根据个体的喜好、职业和社交圈子等因素，设计出与个体风格相符的人物造型，使其在人群中脱颖而出，展现个人独特的审美品位。

（三）追求时尚趋势

时尚人物造型设计需要紧跟时尚潮流的变化，不断创新。造型师们需要密切关注最新的时尚趋势和流行元素，将其融入人物造型设计中，使之保持与时俱进的特点，让个体在人物造型后能够展现出最时尚的形象。

（四）个性化设计

时尚人物造型设计强调个性化和定制化。造型师需要根据不同个体的面部特征、肤质状况和审美需求，量身定制人物造型方案，采用不同的人物造型技巧和产品，打造出符合个体需求的个性化人物造型。

（五）整体协调性

时尚人物造型设计需要考虑个体的整体形象和氛围。造型师需要将人物造型与个体的服装、发型、配饰等进行搭配和协调，使之呈现出整体统一、和谐美观的效果，从而达到最佳的美学效果和视觉效果（图1-2-1）。

图1-2-1　时尚人物造型

二、不同面部特征和肤色类型对人物造型设计的影响

在时尚人物造型设计中，不同的面部特征和肤色类型会对人物造型产生不同的影响，因此需要有针对性地进行分析和设计。

（一）面部特征影响分析

1. 眼型

眼型对眼部造型效果有着直接影响。例如，单眼皮和双眼皮的个体在眼妆设计上需要采取不同的策略。对于单眼皮，可采用深浅搭配的眼影来增加立体感；而对于双眼皮，则可选择更多的眼影色彩来突出眼部轮廓。

眼型还决定了眼线的描绘方式。例如，内双眼皮可以在眼线上下两条均匀描绘以增加眼部立体感，而外双眼皮则可选择更细的眼线。

眼型也会影响睫毛及睫毛膏的选择，例如对于短而稀疏的睫毛，可选用浓密型的睫毛膏来增加浓密感。

2.脸型

不同的脸型需要采取不同的修容和高光策略来调整面部轮廓。例如，圆脸型可以通过在颧骨以下的位置打上阴影来拉长脸部，而长脸型则可以在额头和下颌处打上阴影来缩短脸部长度。

脸型还会影响到妆容的整体设计。例如，方形脸适合选择柔和的线条和色彩来缓解面部棱角，而圆脸则适合选择稍微尖锐的线条和明亮的色彩来增加立体感。

3.唇型

唇型也会影响到唇妆色彩的选择。例如，唇型不规则的个体可选择深色唇膏来掩盖唇部不足之处，而唇型完美的个体则可尝试更多种类的唇妆颜色。

（二）肤色类型影响分析

1.白皙肤色

对于白皙肤色的个体，造型师可以选择清透自然的底妆和粉嫩的色彩，使肌肤看起来更加透亮和健康。

2.中等肤色

中等肤色的个体适合选择自然肤色的底妆和暖色系的彩妆产品，以增强肤色的自然光泽和明亮度。

3.深色肤色

对于深色肤色的个体，可以选择富有层次感的彩妆色彩和金属质感的产品，使肤色更加丰富和有质感。

通过针对不同的面部特征和肤色类型进行分析和设计，造型师可以更加准确地把握个体的人物造型需求，选择合适的人物造型技巧和产品，打造出最适合个体的人物造型，使其在人物造型后更加美丽和自信。

三、不同场合下的时尚人物造型设计

不同的场合需要不同的人物造型，因此造型师需要根据具体的场合特点和需求，设计出相应的时尚人物造型。

（一）日常生活

日常生活中的人物造型，注重自然轻盈、简约清新，可以选择清透自然的底妆和柔和的色彩，突出个体的精致和自然美（图1-2-2）。

眼妆可以简单明亮，眼线不宜过粗过重，可以选择自然型的睫毛膏。

唇妆可以选择清透的唇彩或者自然色系的唇膏，使整体妆容看起来更加清新自然。

图1-2-2　日常生活中的人物造型（图片来源：搜狐网）

（二）职场

职场人物造型注重专业大方、干练得体。底妆要求服帖持久，眼妆和唇妆则不宜过于浓重，以免显得过于张扬（图1-2-3）。

眼妆可以选择简洁明亮的眼影色彩，眉妆要精致得体，唇妆可以选择自然色系的唇膏或唇彩，增加整体妆容的成熟感和稳重感。

（三）晚宴

在晚宴或重要社交场合上，人物造型可以选择更加奢华精致的设计。底妆可以选择更加服帖丝滑的质地，眼妆可以加重，使用更多的层次和色彩，增加整体妆容的华丽感和吸引力（图1-2-4）。

眼妆可以选择深色系的眼影和眼线，唇妆可以选择鲜艳丰满的唇彩或唇膏，使整体妆容更加夺目。

图1-2-3　职场人物造型（图片来源：每日头条）

四、时尚人物造型设计的技巧

时尚人物造型设计需要掌握以下一系列的技巧。

（一）底妆打底技巧

选择适合肤质的底妆产品，并根据个体肤色调整底妆色号，使底妆看起来更加自然。

图1-2-4　晚宴人物造型（图片来源：搜狐网）

使用人物造型刷或海绵均匀涂抹底妆，避免出现厚重和不均匀的情况，使底妆持久服帖。

（二）眼妆设计技巧

根据眼部形态和场合需求选择合适的眼妆设计方案，突出眼部轮廓和眼神。

熟练掌握眼线和眼影的涂抹技巧，使眼妆清晰明亮，增加整体妆容的层次感和立体感。

（三）唇妆设计技巧

根据唇部形态和个体特点选择合适的唇妆色彩和质地，使唇部看起来更加丰满和饱满。

使用唇刷或唇笔描绘唇线，避免唇部溢色和模糊，使唇妆更持久。

（四）整体协调技巧

注意整体妆容的协调性，包括底妆、眼妆、唇妆的搭配和统一，使整体妆容看起来和谐自然。

任务拓展

观察自己的面部特征，分析自己的眼型、脸型和唇型并思考如何针对自己的面部特征进行造型设计。

课堂笔记

_____

_____

_____

_____

_____

_____

_____

_____

任务三　时尚人物造型设计方法与流程

任务目标

1.理解时尚人物造型设计方法与流程的基本概念和步骤

2.掌握了解造型对象需求的技巧，包括细致的沟通和倾听方式

3.学习分析造型对象面部特点和特征的方法，为其量身定制人物造型方案

4.熟悉人物造型设计的实施过程，包括产品选择、人物造型步骤等

5.掌握人物造型过程中的修饰和调整技巧，以及对造型对象反馈和实际效果的处理能力

情境描述：

在人物造型培训中心，学生们聚集在一起，准备学习时尚人物造型设计的方法与流程。老师介绍了基本流程，然后组织了实践活动，让学生们模拟人物造型设计的过程。学生们积极参与，互相学习，希望通过这门课程提升自己的人物造型设计能力。

相关知识

一、需求分析与沟通

在时尚人物造型设计中，需求分析与沟通是确保设计成功的关键步骤。通过细致的沟通，造型师能够准确了解造型对象的需求和期望，从而制订出最合适的造型方案。良好的沟通技巧包括倾听、提问和清晰表达，这不仅帮助造型师获取造型对象的详细需求，还能建立起信任关系。

首先，造型师应通过初次面谈了解造型对象的基本信息和造型需求。例如，了解造型对象的年龄、职业、性别、着装风格等基本信息，以及造型对象对于特定场合的需求。通过询问和倾听，造型师可以深入了解造型对象的个性和喜好，为后续设计提供重要依据。

其次，在沟通过程中，造型师应明确造型对象的具体期望和目标。通过提问，造型师可以获取更多背景信息和细节，如造型对象喜欢的颜色、平时的穿着习惯以及希望通过造型达到的

效果。例如，造型对象可能希望在重要场合看起来更加自信或年轻，这些都是造型设计的重要参考。

最后，造型师需要清晰地表达自己的设计思路和建议。通过使用简单明了的语言和专业术语，造型师可以确保造型对象准确理解设计方案，避免产生误解（图1-3-1）。此外，通过建立亲和力和信任感，造型师可以使造型对象感到舒适，从而更好地表达自己的需求和反馈。

二、面部特点和个人特征分析

在时尚人物造型设计中，分析造型对象的面部特点和个人特征是设计个性化造型方案的关键步骤。通过细致观察和专业判断，造型师可以了解造型对象的面部轮廓、五官比例、肤色和肤质等基本特征。这些信息决定了化妆技巧和发型设计的具体实施方法。

面部轮廓决定了造型的整体框架，不同的脸型如圆形脸、方形脸、鹅蛋脸等，需要不同的修饰技巧（图1-3-2）。五官比例则影响到细节部分的设计，例如眉毛的形状、眼影的颜色和眼线的画法。了解这些特征，可以帮助造型师在设计时更加精确地突出造型对象的优点，掩饰不足。

除了面部特征，造型对象的个人特征和生活习惯也对造型设计有重要影响。职业、年龄、生活方式等因素都会影响造型设计的方向。例如，职业女性可能需要简洁大方、得体的造型，而年轻的时尚达人可能更倾向于个性化、前卫的造型。了解造型对象的兴趣爱好、平时的穿衣风格和日常妆容习惯，可以帮助造型师设计出既符合造型对象个性，又能展现其独特魅力的造型方案。

最后，与造型对象进行沟通，了

图1-3-1 有效沟通是人物造型设计的关键步骤（图片来源：知乎）

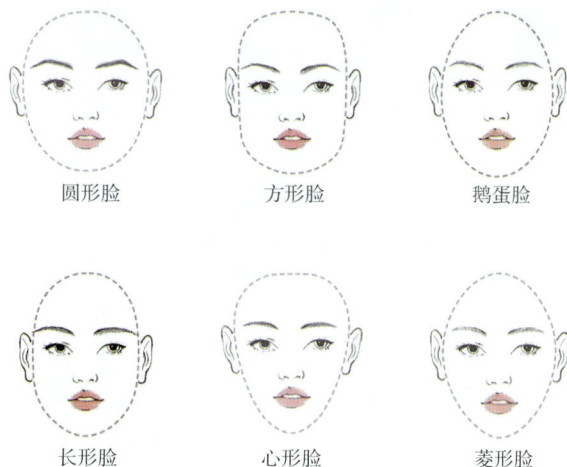

圆形脸　　　方形脸　　　鹅蛋脸

长形脸　　　心形脸　　　菱形脸

图1-3-2 不同脸型示例图（图片来源：搜狐网）

解他们的自我认知和对自身特点的看法也是至关重要的。造型对象对自身优点和不足的认识可以为造型设计提供重要参考，帮助造型师设计出真正满足造型对象期望的造型方案。

三、产品与工具的选择

在时尚人物造型设计中，选择合适的产品和工具是实现理想造型的关键步骤之一。首先，了解不同类型产品的特点非常重要。例如，粉底液可以均匀肤色、遮盖瑕疵，遮瑕膏用于局部修饰，眼影则能增强眼部层次感。这些产品的选择应根据客户的肤质和需求来进行，以确保整体造型的和谐和持久（图1-3-3）。

除了产品本身，工具的选择也是至关重要的。化妆刷、海绵等工具的材质和形状直接影响到造型效果。柔软的化妆刷能够均匀涂抹粉底液，而多功能的海绵可以用来打造自然无痕的底妆。针对不同的肤质和妆容需求，选择合适的工具能够帮助造型师更加精准地实现造型对象的期望。

在选择产品和工具时，质量和成分是需要特别注意的方面。选择知名品牌和有口碑的产品，确保其对肌肤无害且持妆时间久。此外，工具的清洁和维护也非常重要。定期对化妆工具进行清洁和消毒，保持工具的卫生和品质，避免对皮肤造成伤害。

最后，通过不断学习和实践，造型师可以深入了解各种化妆产品和工具的使用方法和效果。这种实践性的学习方式能够帮助造型师更加熟练地掌握选择和使用化妆产品和工具的技巧，为后续的人物造型设计提供坚实的基础和保障。

四、人物造型设计实施过程

在确定了造型对象需求并进行了详细的面部特征分析后，造型设计的实施过程便开始了。这个过程包括准备、实施和最后的调整，每一步都至关重要，以确保最终造型效果的完美。

首先是准备工作，包括选择合适的化妆品和工具，并根据客户的肤质和需求进行预处理。例如，清洁面部、涂抹适合的

图1-3-3 基础化妆品（图片来源：知乎）

护肤品等，为后续的化妆步骤做好准备。此外，准备好所有必要的化妆品和工具，确保整个过程顺利进行。

其次是具体的实施过程。造型师按照设计方案逐步进行化妆和发型设计。例如，首先打底，均匀肤色，然后是眼妆、唇妆等细节部分的处理。在这个过程中，造型师需要不断与客户沟通，确保每一步都符合客户的期望。如果客户对某些部分有疑虑或不满意，造型师需要及时进行调整（图1-3-4）。

最后是整体调整和优化。在所有步骤完成后，造型师需要对整体效果进行检查和微调，确保每一个细节都达到最佳效果。例如，检查妆容的持久度，调整光影效果，使整体造型更加自然和协调。完成后，可以通过试妆环节，让客户实际体验造型效果，并根据造型对象反馈进行最后的优化。

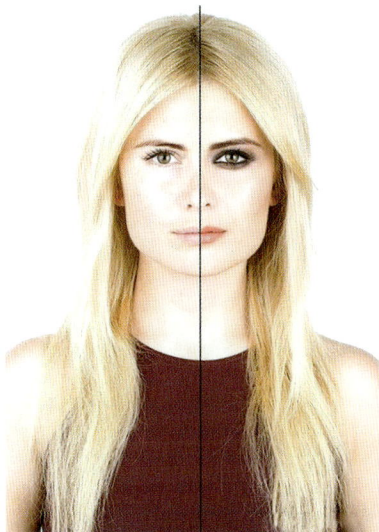

图1-3-4　妆前妆后对比图（图片来源：搜狐网）

五、造型效果评估及反馈

在完成造型设计后，对造型效果进行评估和获取造型对象反馈是提升服务质量的重要环节。评估可以从多个角度进行，包括造型的美观度、持久度、舒适度等方面。

首先，造型师应与造型对象一起检查整体造型效果。通过镜子或拍照等方式，让造型对象直观地看到最终效果。这时，造型师应倾听造型对象的即时反馈，了解造型对象对各个部分的满意度。如果造型对象对某些细节不满意，造型师应立即进行调整，直到造型对象满意为止（图1-3-5）。

图1-3-5　时尚人物造型后期调整（图片来源：新山新娘）

其次，造型对象的长期反馈也非常重要。造型师可以在服务后几天内，通过电话或邮件等方式，询问造型对象的使用体验。例如，妆容的持久度、化妆品是否引起皮肤不适等。这些反馈有助于造型师了解产品和技术的实际效果，并为今后的工作提供参考。

通过总结和分析造型对象的反馈，造型师可以不断改进自己的服务。每一个造型对象的反馈都是宝贵的经验，通过总结这些经验，造型师可以更好地理解造型对象需求，提升自身的技术水平和服务质量。

六、造型师的职业素养与持续学习

造型师在职业生涯中，保持高水平的职业素养和不断学习是取得成功的关键。职业素养包括专业态度、良好的沟通能力、创新意识和关注细节。这些素养不仅帮助造型师提供高质量的服务，还能建立良好的客户关系，提升客户满意度。

首先，造型师需要具备专业态度和道德准则。例如，尊重造型对象的隐私，遵守职业操守，保持诚实和公正。同时，造型师应具备良好的沟通能力，能够准确理解客户需求，并通过清晰的表达传递自己的设计思路和建议。

其次，持续学习和创新是造型师职业发展的重要途径。时尚和美容行业不断变化，新的技术和趋势层出不穷。造型师应积极参加各类培训和课程，学习最新的化妆技巧和产品知识。此外，关注时尚趋势和行业动态，与同行交流，分享经验和心得，这些都有助于提升自身的专业水平。

最后，良好的心理素质也是必不可少的，包括自信心、抗压能力和适应能力等。通过不断提升职业素养和持续学习，造型师能够在激烈的市场竞争中脱颖而出，获得职业成功。

任务拓展

根据实际的人物造型效果评估案例，让学生通过观察和分析，学会如何评估人物造型的整体效果。

根据实际的人物造型效果调整演示，让学生了解整体调整的具体方法和技巧，提升人物造型的专业水平。

课堂笔记

项目二

时尚新娘人物造型设计

项目内容： 任务一　清新甜美新娘造型设计

任务二　优雅简约新娘造型设计

任务三　中式古典新娘造型设计

学习时间： 18~24课时

学习情景： 化妆实训室

学习目标：

知识目标：

1.了解清新甜美新娘、优雅简约新娘、中式古典新娘造型的特点。

2.掌握清新甜美新娘、优雅简约新娘、中式古典新娘造型妆容操
作技法要点。

能力目标：

1.能根据顾客面部特征进行妆容设计并操作。

2.能根据不同风格要求对顾客进行整体造型设计并操作。

素养目标：

1.结合市场流行趋势，培养学生的专业敏锐度和审美能力。

2.通过社会活动培养学生社会责任感和职业自信。

任务一　清新甜美新娘造型设计

任务目标

1. 了解清新甜美新娘妆的特点

2. 掌握清新甜美新娘妆的化妆技法

3. 能够根据顾客特点进行清新甜美新娘妆容创作

情境描述：

　　欣欣是一名幼师，即将结婚，平时喜欢清新、俏皮的风格。她的五官比较圆润，眼睛圆圆的，性格活泼，来到一家形象造型室，希望造型师能为她打造一款清新甜美风格的婚礼妆容。

相关知识

一、清新甜美新娘妆容分析

　　清新甜美风格的妆容是新娘妆容中比较常用的妆容，可以让新娘看上去非常清爽、俏皮、甜美可爱。妆形上以圆润、柔和为主。妆色上可以使用明亮的颜色，比如橘色系、珊瑚色系、粉色系，凸显新娘活泼、甜美的感觉。眼影处可加一些闪片，鼻子、颧骨、眉骨、唇峰、下巴加一些高光相呼应，使整个妆容看上去既立体又清透减龄。

二、服饰造型分析

　　清新甜美风格的服装一般会选用有泡泡袖、抹胸吊带、公主裙式的服装，使用带有蕾丝、珍珠的服装材料。

　　配饰上可以使用与服装搭配的饰品，比如花朵、蝴蝶结、蕾丝等饰品，还可搭配蕾丝质地的手套。

三、发型造型分析

清新甜美风格的发型可使用编发、抽丝等技法，发丝的设计给整个造型增添灵动的感觉。再根据模特的脸型选择使用低位或是高位的盘发。

任务实施

一、模特面部分析

模特面部特征及矫正重点见表2-1-1。

表2-1-1　模特面部特征及矫正重点

模特照片	模特面部特征	矫正重点
	脸型：偏圆脸，外轮廓线条较柔和圆润	脸型：暗影修饰颧骨两侧及下颌线，调整脸型
	五官比例：三庭均等，眼间距略宽，面部较为扁平	五官比例：用暗影和提亮色使鼻子更加立体
	皮肤：皮肤较为白皙，为冷白皮，轻微黑眼圈和斑点	皮肤：使用粉色隔离使脸部自然透粉，三文鱼色遮瑕遮盖眼袋发青处
	眼睛：平扇形双眼皮，眼睛较圆略肿	眼睛：适度拉长眼尾增加眼睛长度，使用亚光眼影消肿
	眉毛：眉毛较平较淡，眉峰不突出	眉毛：压低眉头，画出自然眉峰，加深眉色
	鼻子：偏扁平	鼻子：在鼻梁两侧晕染阴影色，T字部位和鼻头提亮
	唇：唇型较好，上下唇比例标准	唇：画出自然渐变唇型

二、实际操作

（一）粉底

打造薄透润泽的底妆，应选用少量珠光隔离和粉色隔离混合使用，可以让皮肤看起来带有淡淡的光泽感和健康的红润感。

选用与模特肤色相接近的粉底液（霜），从内外轮廓交界线开始到外轮廓，由内向外，内轮廓由外向内的顺序进行薄涂，少量多次上粉底，做到肤色均匀。有斑点未能遮住的地方使用遮瑕膏进行局部遮瑕，如图2-1-1所示。

选择与粉底色相同或透明的散粉，用散粉刷进行轻薄

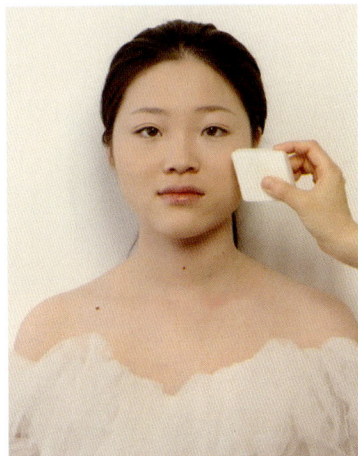

图2-1-1　局部遮瑕

定妆，避免粉质感过重，如图2-1-2所示。适量使用鼻侧影，打造圆圆上翘的鼻头，山根和鼻头使用高光，让五官更立体，脸型可以修饰得饱满、圆润，无须将颧骨下陷的部位表现出来。（注意：粉底要与发际线、颈部、耳朵等处自然衔接，不要出现色差）

图2-1-2　定妆

（二）眼部

1. 眼影

眼妆的色彩可以选择明度、大地色系，也可以使用一些辅助色，如绿色和黄色、蓝色和粉色等来搭配。以橘色眼影为例，上下眼影使用橘色系珊瑚色等，睫毛根部使用深棕色加深，眼球中间可以适当加一些细闪，让眼睛更显明亮。手法上可使用渐层晕染的方法，如图2-1-3所示。

2. 眼线

选择咖色眼线笔，让眼睛看上去更柔和，通过眼线将眼形画得更圆更大一些，使用内外眼线，为了防止眼线晕开，可以用散粉在眼线上按压定妆，如图2-1-4所示。

3. 睫毛

用睫毛夹夹翘睫毛，使弧度自然卷翘，先涂睫毛定型液进行定型，再用睫毛膏使睫毛看起来更浓密。假睫毛使用一簇一簇进行粘贴，可选用中间长两头短一些的假睫毛，让眼睛看起来更大更圆，也可以粘贴下睫毛，展现出洋娃娃一般的明亮大眼睛，如图2-1-5所示。

图2-1-3　画眼影

图2-1-4　画眼线

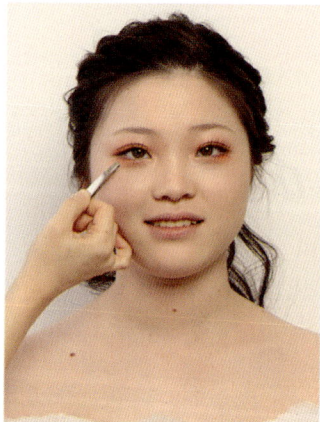

图2-1-5　处理睫毛

图 2-1-6　画眉毛

图 2-1-7　画腮红

图 2-1-8　设计唇部造型

（三）眉毛

模特的脸型属于圆脸，搭配略有弧度的标准眉型起到拉长脸型的效果，注意要做到前虚后实，上虚下实，如图 2-1-6 所示。

（四）腮红

腮红的颜色选择应与眼影搭配，可以选择粉橘色系，可使用打圈的方法，如图 2-1-7 所示。

（五）唇部

模特嘴唇圆润、饱满，唇部中间的颜色可以深一些，然后逐渐晕染，唇部做到有型无边，体现出少女感。唇峰可以适当加点高光，令唇部更显幼态，如图 2-1-8 所示。

三、任务评价

完整妆造如图 2-1-9 所示，根据评价表（表 2-1-2）对新娘整体造型效果进行评价。

图 2-1-9　完整妆造

扫二维码观看教学视频

1. 清新甜美新娘造型

表2-1-2 任务评价表

任务	评价内容	评分标准	分值	自评	互评	师评	备注
清新甜美新娘造型	妆面技术（50分）	粉底均匀、通透，肤质得到改善	15分				
		色彩搭配合理、晕染过渡自然、妆面干净	20分				
		五官对称，修饰合理，线条流畅，虚实结合	15分				
	发型设计（20分）	符合模特脸型，简洁大方，技术娴熟	20分				
	整体造型（20分）	整体色彩搭配和谐、具时尚感，与妆面、发型搭配度高	20分				
	规范性（10分）	准备工作、技术动作规范，服务态度良好、团体合作融洽，能在规定时间内完成	10分				
总分100分							

注 备注栏可记录扣分原因。

课堂笔记

_____

_____

_____

_____

_____

_____

_____

_____

学生练习

两两搭档，按照清新甜美新娘造型特点和要求，在规定时间内完成整体人物造型设计（模特妆面设计方案、妆面效果图、整体造型设计）并实施。

1.完成模特妆面设计方案（表2-1-3）

表2-1-3　妆面设计方案

模特照片	模特面部特征	矫正重点
	脸型：	脸型：
	五官比例：	五官比例：
	皮肤：	皮肤：
	眼睛：	眼睛：
	眉毛：	眉毛：
	鼻子：	鼻子：
	唇：	唇：

2.将清新甜美新娘造型设计完成后的照片贴在下方

3.绘制妆面效果图

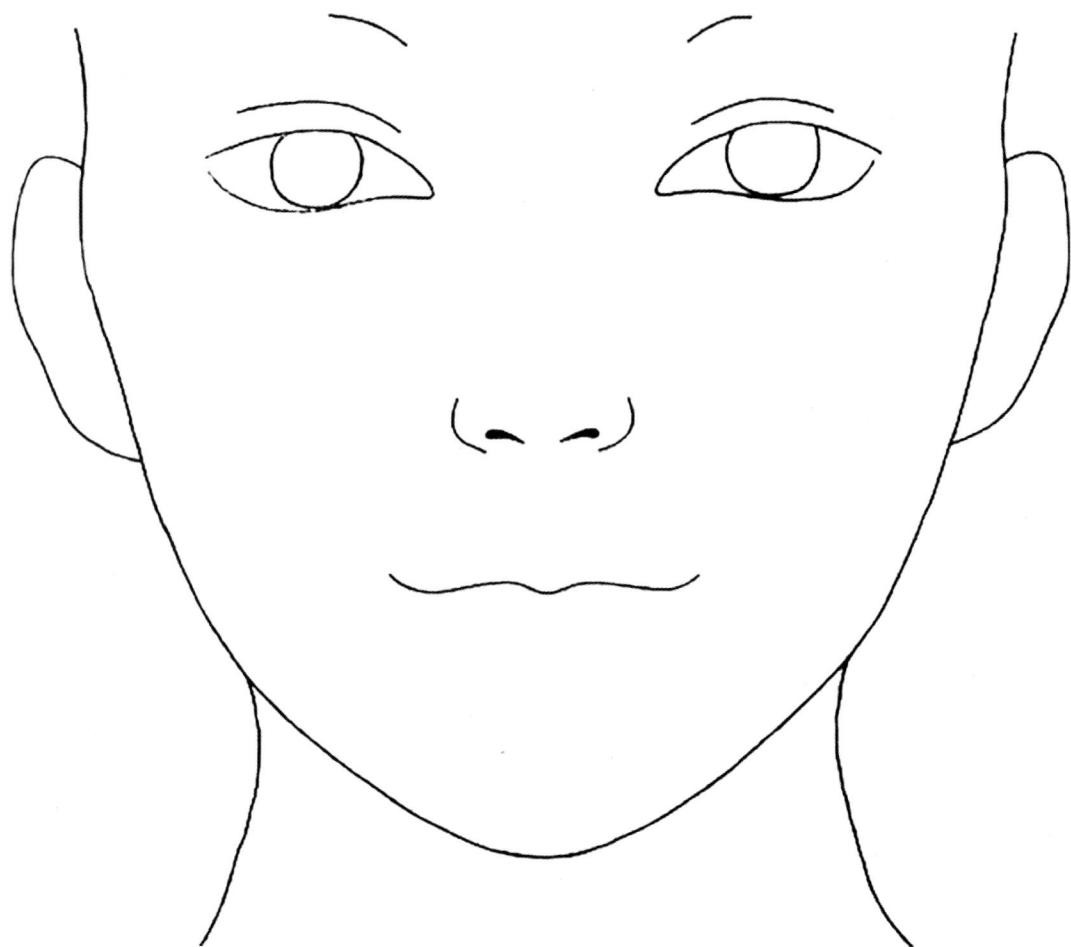

任务二　优雅简约新娘造型设计

任务目标

1.了解优雅简约新娘造型的风格特点

2.掌握优雅简约新娘造型的操作技法

3.能够根据顾客特点打造优雅简约新娘造型

情境描述：

　　文文下个月要结婚了，她想在当天成为一个优雅的新娘，于是她找到一家造型工作室提前试妆，希望造型师能为她量身打造一款优雅简约的新娘造型。

相关知识

一、优雅简约新娘妆容分析

　　优雅简约新娘造型适用于出门造型或仪式造型，主要表现新娘的优雅、端庄、唯美、大方，也是适合大部分人的。妆面精致、干净，以自然为主，强调清新、通透的质感。妆容要点在于底妆的打造，凸显皮肤质感、自然细腻，不宜过浓。

二、服饰造型分析

（一）婚纱

　　宜挑选款式设计简洁、布料垂感好的款式，这样可令新娘显得更加轻盈柔美。色彩以白色、香槟色、裸色等为主，展现出新娘的纯洁与高贵。

（二）头饰

　　以精致简约为主，较常用的头饰有各类头纱，娇小精美的皇冠，花型发饰，串珠类、水晶类小发夹等。除了头纱，其他饰品的运用以恰当的小面积装点为主。

三、发型造型分析

发型要简单大方，整体应给人简洁、高雅、大气的感觉。也可展现自然的凌乱感，注意体现出造型的层次感或线条美，打造出一种看似不经意其实很用心的感觉。

任务实施

一、模特面部分析

模特面部特征及矫正重点见表2-2-1。

表2-2-1　模特面部特征及矫正重点

模特照片	模特面部特征	矫正重点
	脸型：偏鹅蛋脸，外轮廓线条较柔和，但颧骨两侧较宽，太阳穴凹陷	**脸型**：暗影修饰颧骨两侧，提亮太阳穴
	五官比例：三庭均等，眼睛长度适中	**五官比例**：正常修饰，不做特别处理
	皮肤：皮肤瑕疵较多，尤其额头、下巴部分痘印明显，轻微黑眼圈，口周肤色暗沉	**皮肤**：橘色遮瑕膏遮盖黑眼圈，较深色遮瑕膏遮盖痘印
	眼睛：双眼皮褶皱不明显，眼睛稍有浮肿不够有神	**眼睛**：粘贴双眼皮贴调整眼型，避免选择红色系眼影
	眉毛：眉毛较平，眉峰不突出	**眉毛**：压低眉头，后移眉峰，延长眉尾
	鼻子：鼻型较好	**鼻子**：在鼻梁两侧晕染阴影色
	唇：唇型较好，下唇稍薄	**唇**：稍微拓宽下唇

二、实际操作

（一）粉底

先用橘色遮瑕膏遮盖眼袋、黑眼圈，用较深遮瑕液或遮瑕膏遮盖痘痘等瑕疵。选择接近模特肤色且偏亮一点的粉底均匀地涂抹全脸，用阴影色在鼻翼、两腮处进行修饰，用提亮色在T区、下巴及眼下三角区域进行提亮，增加透亮感，凸显皮肤质感。注意粉底要薄透，不能太厚，如图2-2-1所示。

用定妆粉进行定妆，可用散粉刷点拍在上眼皮、鼻翼等容易出油的地方，做到持久定妆，如图2-2-2所示。

图2-2-1　涂抹粉底

（二）眼部

1.使用美目贴

用美目贴调整双眼皮，使左右对称，眼睛大小统一。

2.眼影

眼影可选择浅粉色、咖啡色，晕染面积不宜过大，采用渐层式或结构式。适用珠光亮色在上眼睑中间位置晕染，增加眼妆的立体感，如图2-2-3所示。

3.眼线

眼线可选择眼线笔在睫毛根部描画，眼尾适当拉长，不宜上扬，体现柔和感，如图2-2-4所示。

4.睫毛

先将本身的睫毛夹翘并涂抹睫毛膏，然后选择偏自然的假睫毛，修剪成一簇一簇后粘贴在睫毛根部，使真假睫毛自然融合，如图2-2-5所示。

图2-2-2　定妆

图2-2-3　画眼影

图2-2-4　画眼线

图2-2-5　处理睫毛

（三）眉毛

平缓自然的眉型可以表现新娘温婉的气质。眉色不宜过深，可选择灰棕色、咖啡色眉笔描画眉毛，眉峰呈圆弧、平缓自然，如图2-2-6所示。

图 2-2-6　画眉毛

图 2-2-7　画腮红

图 2-2-8　设计唇部造型

（四）腮红

选择符合模特肤色，如玫红色、桃红色等颜色腮红进行晕染，注意先用较浅颜色进行铺垫，再使用较深色在苹果肌位置晕染，使色彩有层次感，如图 2-2-7 所示。使用珠光高光再次提亮，打造透亮肌肤，阴影色再次修容。

（五）唇部

在化妆之前先进行润唇，选用与眼影色、腮红色相协调的润泽型口红涂抹全唇，使唇部保持滋润，如图 2-2-8 所示。

三、任务评价

完整妆造如图 2-2-9、图 2-2-10 所示，根据评价表（表 2-2-2）对新娘整体造型效果进行评价。

图 2-2-9　完整妆造（1）

图 2-2-10　完整妆造（2）

扫二维码观看教学视频

2.优雅简约新娘造型

表2-2-2　任务评价表

任务	评价内容	评分标准	分值	自评	互评	师评	备注
优雅简约新娘造型	妆面技术（50分）	底妆：粉底均匀清透，自然干净，突出皮肤质感和脸部立体感	15分				
		眉毛：眉型自然、对称，符合模特脸形，虚实过渡柔和	10分				
		眼妆：双眼皮高度对称，眼线描画流畅，眼影晕染均匀有层次，过渡自然	15分				
		唇妆：唇色均匀，轮廓干净，色彩协调	10分				
	发型设计（20分）	符合模特脸型和气质，有美感，技术娴熟	20分				
	整体造型（20分）	整体色彩搭配和谐，符合新娘气质，与妆面、发型搭配度高	20分				
	规范性（10分）	准备工作、技术动作规范，服务态度良好、团体合作融洽，能在规定时间内完成	10分				
总分100分							

注　备注栏可记录扣分原因。

课堂笔记

_____

_____

_____

_____

_____

_____

_____

学生练习

　　两两搭档，按照优雅简约新娘造型特点和要求，在规定时间内完成整体人物造型设计（模特妆面设计方案、妆面效果图、整体造型设计）并实施。

1. 完成模特妆面设计方案（表2-2-3）

表2-2-3　妆面设计方案

模特照片	模特面部特征	矫正重点
	脸型：	脸型：
	五官比例：	五官比例：
	皮肤：	皮肤：
	眼睛：	眼睛：
	眉毛：	眉毛：
	鼻子：	鼻子：
	唇：	唇：

2. 将优雅简约新娘造型设计完成后的照片贴在下方

3.绘制妆面效果图

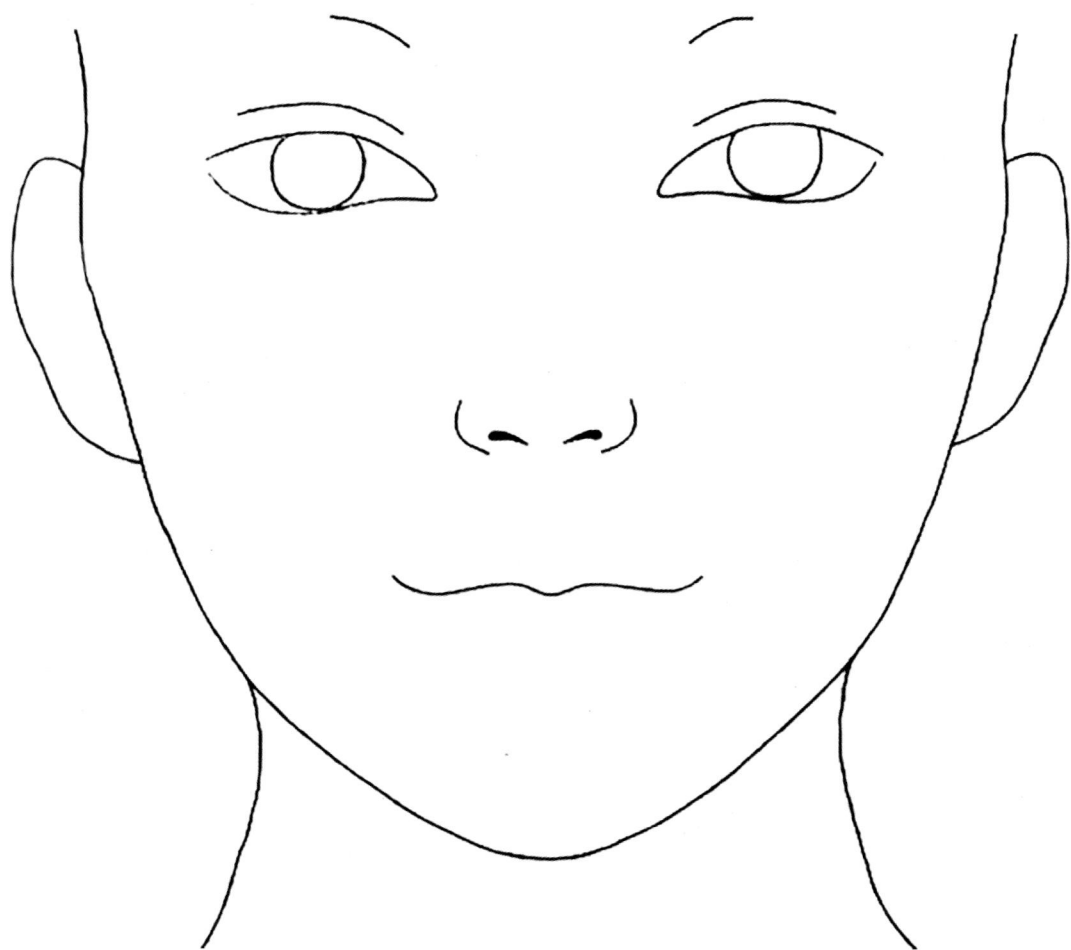

任务三　中式古典新娘造型设计

任务目标

1. 了解中式古典新娘妆的特点

2. 掌握中式古典新娘妆的化妆技法

3. 能够根据顾客特点进行中式古典新娘妆容创作

情境描述：

　　小雨即将结婚，平时喜欢古典、中式的风格，她的五官比较小巧精致。她来到一家形象造型室，希望造型师能为她打造一款中式古典的婚礼妆容。

相关知识

一、中式古典新娘妆容分析

　　在现代婚纱造型中，中式古典新娘造型作为婚纱套系中不可缺少的一部分，占据着重要位置。妆容上，使用暖色系妆面既能呼应新婚的喜庆，又具备中国传统女子的婉约和娇羞。红唇的点缀让妆容更具古典特质。化妆师要把握好整体造型古典又不失时尚。

二、服饰造型分析

　　中式古典新娘造型一般会选用龙凤褂、具有古典韵味的旗袍、百蝶衣、凤仙服、秀禾服，或是中西风格相结合的婚纱。

　　配饰上可以选用与服装搭配的红色系、黄色系珠串头饰，或是造液花、缎料的花朵头饰等，具有中国古典风格的扇子也可以起到点睛的效果。

三、发型造型分析

　　可使用低位盘发加上辫子搭配，高位盘发，使用打卷、扭转的手法，让头型变得更加饱满。刘海处理可以选用三七分、中分或是梳光朝后的方法。前区须看上去干净温婉。

任务实施

一、模特面部分析

模特面部特征及矫正重点见表2-3-1。

表2-3-1　模特面部特征及矫正重点

模特照片	模特面部特征	矫正重点
	脸型：鹅蛋脸，外轮廓线条较柔和流畅	脸型：暗影修饰颧骨两侧，使脸部更紧致
	五官比例：中庭略偏长，眼睛长度适中	五官比例：鼻子缩短一些，更加立体一些
	皮肤：偏黄，无明显瑕疵，有棕色黑眼圈	皮肤：橘色遮瑕膏遮盖黑眼圈，紫色修颜液调整暗黄皮肤
	眼睛：双眼皮褶皱明显，眼距略宽	眼睛：粘贴双眼皮放大眼睛，加眼头眼线拉近眼距
	眉毛：眉毛较平较淡，眉峰不凸出	眉毛：压低眉头，后移眉峰，延长眉尾
	鼻子：鼻型较好	鼻子：鼻梁两侧晕染阴影色
	唇：唇型较好，下唇稍薄	唇：拓宽下唇，上唇唇角内缩

二、实际操作

（一）粉底

要打造薄透润泽的底妆，应选用紫色调的隔离调整偏暗黄肤色，均匀肤色。选用与模特肤色相接近的粉底液（霜），按照由内向外的顺序进行薄涂，做到肤色均匀，如图2-3-1所示。

选择与粉底色相同或透明的散粉，用散粉刷进行轻薄定妆，避免粉质感过重，为了使妆容更自然清透，可以在T字部位脸颊处先定妆，如图2-3-2所示。

适量使用侧影修饰鼻子，使鼻子立体，通过明暗将脸型修成鹅蛋形，不要过于强调结构。高光提亮内轮廓，然后用透明或偏粉色的定妆粉定妆。（注意：粉底要与发际线、颈部、耳朵等处自然衔接，不要出现色差）

图2-3-1　涂抹粉底　　　　图2-3-2　定妆

（二）眼部

1.眼影

眼妆的色彩可以选择暖调的颜色。一般选用橘咖色或红棕色，可以采用上下渐层或是前后渐层的晕染手法，如图 2-3-3 所示。

2.眼线

选择黑色或咖色眼线笔，通过眼线将眼形画得更细长一些。使用内外眼线，在眼尾部后数三四根睫毛的位置微微上挑，可拉长 2 ~ 4mm，线条一定要干净流畅，如图 2-3-4 所示。

3.睫毛

用睫毛夹夹翘睫毛，使弧度自然卷翘，先涂睫毛定型液进行定型，再用睫毛膏使睫毛浓密。假睫毛使用一簇一簇粘贴，可选用尾部长一些的假睫毛，增加长度和浓密度。让眼睛看起来更有神韵，如图 2-3-5 所示。

图 2-3-3　画眼影　　　　图 2-3-4　画眼线　　　　图 2-3-5　处理睫毛

（三）眉毛

眉形采用自然的弧度，不宜过粗，线条要清晰。可先用与发色接近的眉粉，比如灰棕色眉粉画出大致形状，然后用灰棕色眉笔加深眉底线，眉骨处可以用遮瑕膏提亮加强眉毛立体感。注意眉毛要做到前虚后实，上虚下实，如图 2-3-6 所示。

图2-3-6　画眉毛

（四）腮红

腮红的颜色选择与眼影搭配，浅淡柔和，充分表现肤色白里透红的效果。采用斜向上的扫法，以提升面部的立体感，达到古典的韵味，如图2-3-7所示。

（五）唇部

唇妆是中式新娘的重点，色彩上可选用高饱和的红色。唇型饱满圆润，左右对称，化出微笑唇的感觉。可使用唇笔进行轮廓的勾勒，使用遮瑕膏对唇型进行细致修饰，如图2-3-8所示。

图2-3-7　画腮红

（六）定妆

最后，使用定妆喷雾或定妆粉定妆，确保妆容更加持久。

三、任务评价

完整妆造如图2-3-9所示，根据评价表（表2-3-2）对新娘整体造型效果进行评价。

图2-3-8　设计唇部造型

图2-3-9　完整妆造

扫二维码观看教学视频

3.中式古典新娘造型

表 2-3-2　任务评价表

任务	评价内容	评分标准	分值	自评	互评	师评	备注
中式古典新娘造型	妆面技术（50分）	粉底均匀、通透，肤质得到改善	15分				
		色彩搭配合理、晕染过渡自然、妆面干净	20分				
		五官对称，修饰合理，线条流畅，虚实结合	15分				
	发型设计（20分）	符合模特脸型，简洁大方，技术娴熟	20分				
	整体造型（20分）	整体色彩搭配和谐、具时尚感，与妆面、发型搭配度高	20分				
	规范性（10分）	准备工作、技术动作规范，服务态度良好、团体合作融洽，能在规定时间内完成	10分				
总分100分							

注　备注栏可记录扣分原因。

课堂笔记

_____

_____

_____

_____

_____

_____

_____

_____

_____

学生练习

两两搭档，按照中式古典新娘造型特点和要求，在规定时间内完成整体人物造型设计（模特妆面设计方案、妆面效果图、整体造型设计）并实施。

1.完成模特妆面设计方案（表2-3-3）

表2-3-3　妆面设计方案

模特照片	模特面部特征	矫正重点
	脸型：	脸型：
	五官比例：	五官比例：
	皮肤：	皮肤：
	眼睛：	眼睛：
	眉毛：	眉毛：
	鼻子：	鼻子：
	唇：	唇：

2.将中式古典新娘造型设计完成后的照片贴在下方

3.绘制妆面效果图

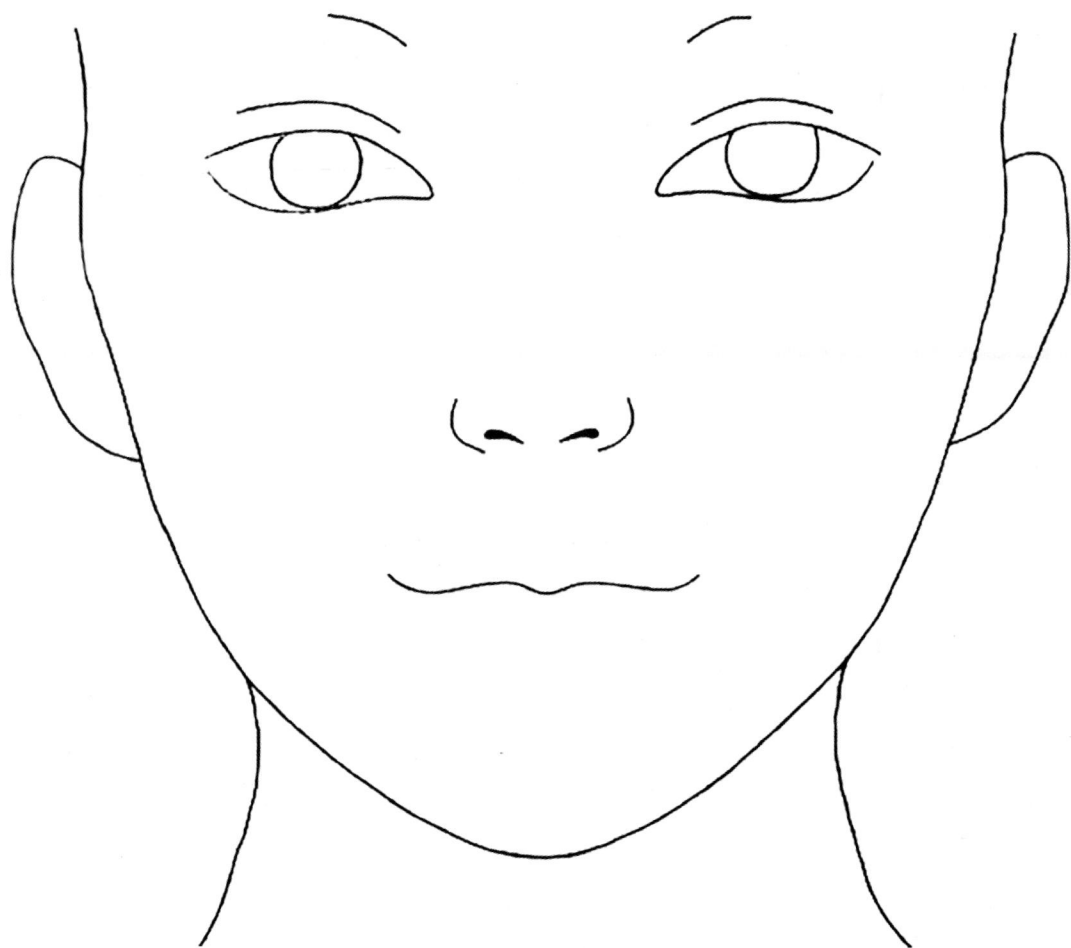

项目三
时尚晚宴人物造型设计

项目内容： 任务一　日常酒会晚宴造型设计

任务二　时尚红毯晚宴造型设计

任务三　演示性晚宴造型设计

学习时间： 28~34课时

学习情景： 化妆实训室

学习目标：

知识目标：

1.了解日常酒会、时尚红毯、演示性晚宴造型的妆容、服饰、发型特点。

2.掌握日常酒会、时尚红毯、演示性晚宴妆容操作技法。

能力目标：

1.能根据顾客特征和造型风格制订设计方案。

2.能按照设计方案进行整体造型操作。

素养目标：

1.结合时下流行和趋势，培养学生的专业敏锐度。

2.通过小组合作，培养学生服务意识和合作精神。

3.通过不断地实操练习和修改，培养学生精益求精的工匠精神和细致、耐心的职业习惯。

4.通过评价作品进行对比分析，培养学生会鉴赏、能阐述的能力。

任务一 日常酒会晚宴造型设计

任务目标

1.了解日常酒会晚宴造型的特点

2.掌握日常酒会晚宴造型的操作技法

3.能够根据顾客特点进行日常酒会晚宴造型

情境描述：

露露是一名企业高管，今晚将要参加公司举办的大型年会，她希望给领导和同事们留下深刻的印象，于是想找造型师为她打造一款适合自己的日常酒会晚宴造型。

相关知识

一、日常酒会晚宴妆容分析

日常酒会晚宴妆容通常是在生活中，参加比较正式的晚会、宴会等社交活动而进行的化妆设计与造型，要求出席这种场合的女性形象端庄、高雅，言谈举止符合礼仪习惯。这种酒会晚宴一般在室内举行，灯光华丽朦胧，因此妆面色彩可适当浓艳一点，充分表现女性高雅、华贵、妩媚的特点。妆容要体现个人的风格、气质，以精致大方为主，在原有容貌的基础上适当修饰、塑造。可以选择自然清透的底妆，突出眼部妆容和唇妆，体现整体形象风格。

二、服饰造型分析

日常酒会晚宴一般选择气质优雅的连衣裙，长度和款式根据场合和个人喜好选择，可以是修身款、拖地长裙或及膝裙，选择华丽的材质或者精致的细节设计，展现优雅气质。色彩方面，根据个人肤色和气质选择合适的颜色，可以选择深色系的服饰来凸显气质，也可以选择明快活泼的浅色系来展现自己的亲和力。总之，服饰造型应该体现得体的美感，同时能够突出自己的风采。

精致的首饰能够提升整体造型，可以选择一些简约而精致的项链、耳环或手链，提升整体的品位和气场。皮质手拿包或者质感优雅的小包都是不错的选择，搭配造型，不但方便携带，也能提升整体氛围。

三、发型造型分析

对于日常酒会晚宴而言，简洁得体的发型往往更加适合，如低马尾、优雅的盘发或者自然的波浪发型。应根据脸型和着装来搭配，既要凸显女性的端庄大方，又不失灵动活泼的一面。简单的发饰也可以进行点缀，使整体造型更加出众。

任务实施

一、模特面部分析

模特面部特征及矫正重点见表3-1-1。

表3-1-1 模特面部特征及矫正重点

模特照片	模特面部特征	矫正重点
	脸型：偏菱形脸，太阳穴凹陷，额头窄，脸颊两侧消瘦	脸型：暗影修饰颧骨凸出位置，提亮太阳穴和额头两侧，两腮少量暗影
	五官比例：中庭偏长，上下应相对均等，眼间距离较长	五官比例：眉毛适当下移，修饰鼻底缩短中庭、眼头眼影较深、缩短眼间距离
	皮肤：属于暖皮，皮肤肤色不均，额头和下巴痘痘较多，有轻微黑眼圈	皮肤：遮盖痘印和黑眼圈，调整肤色
	眼睛：双眼皮宽度适中，眼型较圆	眼睛：不粘贴双眼皮贴，适当拉长眼线
	眉毛：眉色较深，左边眉尾空隙明显	眉毛：选择灰色眉笔，填补空隙
	鼻子：鼻头较圆	鼻子：修饰鼻梁和鼻头
	唇：嘴唇宽度较窄，唇色浅	唇：适当画出嘴角，口红色较明亮

二、实际操作

（一）粉底

模特脸部有少量的痘痘，黑眼圈较明显，选用橘色遮瑕膏遮盖黑眼圈，较深遮瑕色遮盖痘痘，以此来改善肌肤状况。

基础底妆要自然清透，用粉底刷或美妆蛋蘸取与模特肤色接近的粉底均匀涂抹全脸，较亮粉底涂抹于内轮廓，凸显脸部立体感。注意粉底要服帖，不能太厚，粉底自然与发际线过渡衔接，如图3-1-1所示。

用接近粉底色或透明定妆粉进行全脸定妆，特别注意上下眼睑、鼻翼、嘴角等部位可多次定妆，保持妆面的持久度，如图3-1-2所示。用修容刷蘸取阴影色在颧骨、下颌进行修饰，再用斜头鼻影刷修饰鼻侧影。在T区、眼下三角区域及下颌处提亮，适当加强面部立体感。

（二）眼部

1.眼影

用白色眼影平铺整个上眼睑，使底色更加均匀。采用渐层晕染法或三段式晕染法，用偏橘大地色眼影从眼尾到眼窝到眼头勾画出眼影轮廓，深咖色晕染眼尾和眼头至睫毛根部，注意两种色彩之间的过渡要自然。用珠光亮色眼影在上眼睑中间、内眼头进行晕染，增加眼部神采和立体感，如图3-1-3所示。

图3-1-1　涂抹粉底

图3-1-2　定妆

2.眼线

用深咖或黑色眼线笔沿着睫毛根部描画干净流畅的眼线，眼尾可适当拉长、上扬，不宜过粗，如图3-1-4所示。

图3-1-3　画眼影

图3-1-4　画眼线

3.睫毛

用睫毛夹夹翘睫毛，使弧度自然卷翘，并用睫毛定型液进行定型，选用自然型假睫毛分段贴在睫毛根部，再刷上睫毛膏使真假睫毛自然融合。用睫毛膏涂抹下睫毛，如顾客下睫毛较稀疏，可适当粘贴下睫毛，如图3-1-5所示。

（三）眉毛

眉形可适度上挑，体现有力感和立体感。先用浅咖色眉

图3-1-5　处理睫毛

粉晕染出眉形，再用灰色眉笔填补空隙，加强眉尾的线条感，做到上虚下实、前虚后实，如图3-1-6所示。

（四）腮红

根据顾客肤色、整体妆色和服装色选择适合的腮红色，如橘粉色、蜜桃色等。用打圈的手法沿苹果肌—颧骨斜向上方向进行晕染，腮红边缘要柔和，做到中间深周围浅，与侧影自然衔接，如图3-1-7所示。

（五）唇部

提前做好润唇，去除唇部死皮，唇型要适当圆润、饱满，增加妩媚感。唇色选择饱和度较高的口红色，注意要与服装色、眼影色和腮红色协调统一，如图3-1-8所示。

图3-1-6　画眉毛

图3-1-7　画腮红

图3-1-8　设计唇部造型

（六）定妆

最后，使用定妆喷雾或定妆粉轻轻定妆，确保妆容更加持久。

三、任务评价

完整妆造如图3-1-9、图3-1-10所示，根据评价表（表3-1-2）对酒会晚宴整体造型效果进行评价。

图3-1-9　完整妆造（1）

图3-1-10　完整妆造（2）

表3-1-2　任务评价表

任务	评价内容	评分标准	分值	自评	互评	师评	备注
日常酒会晚宴造型	妆面技术（50分）	粉底均匀服帖，自然干净，突出皮肤质感和脸部立体感	15分				
		色彩协调，晕染过渡自然，妆面干净	20分				
		五官对称，修饰合理，线条流畅，虚实结合	15分				
	发型设计（20分）	符合模特脸型和气质，有美感，技术娴熟	20分				
	整体造型（20分）	整体色彩搭配和谐，符合新娘气质，与妆面、发型搭配度高	20分				
	规范性（10分）	准备工作、技术动作规范，服务态度良好、团体合作融洽，能在规定时间内完成	10分				
总分100分							

注　备注栏可记录扣分原因。

课堂笔记

学生练习

两两搭档，按照日常酒会晚宴造型特点和要求，在规定时间内完成整体人物造型设计（模特妆面设计方案、妆面效果图、整体造型设计）并实施。

1. 完成模特妆面设计方案（表3-1-3）

表3-1-3　妆面设计方案

模特照片	模特面部特征	矫正重点
	脸型：	脸型：
	五官比例：	五官比例：
	皮肤：	皮肤：
	眼睛：	眼睛：
	眉毛：	眉毛：
	鼻子：	鼻子：
	唇：	唇：

2. 将日常酒会晚宴造型设计完成后的照片贴在下方

扫二维码观看教学视频

4.日常酒会晚宴造型

3.绘制妆面效果图

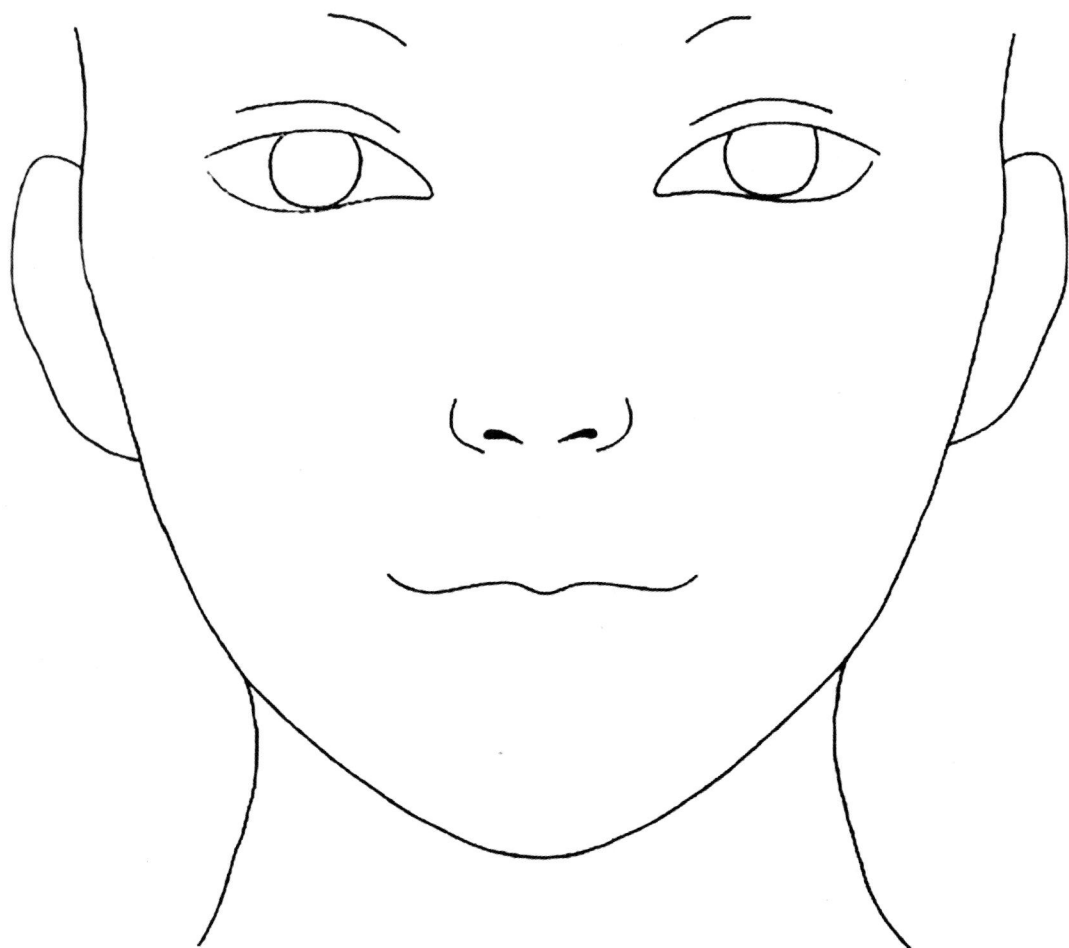

任务二　时尚红毯晚宴造型设计

任务目标

1. 了解时尚红毯晚宴妆的特点

2. 掌握时尚红毯晚宴妆的化妆技法

3. 能够根据顾客特点进行时尚红毯晚宴妆容创作

情境描述：

小雨是一名职员，即将参加公司红毯宴会。她平时喜欢雅致、酷飒的风格，五官比较扁平，眼睛杏仁型，性格内向。她来到一家形象造型室，希望造型师能为她打造一款酷飒、华丽风格的时尚红毯晚宴。

相关知识

一、时尚红毯晚宴妆容分析

时尚红毯造型适用于比较隆重的宴会场合，风格以优雅、艳丽、大方为主，妆容和服装整体造型相一致，从而突出个人风格。底妆偏亚光，呈现通透自然的妆感，塑造立体面部轮廓。眉毛自然利落，眼睛放大，适当加入亮片，灯光下更加闪耀夺目。唇部大多采用红色厚涂，更显气场和魅力。

二、服饰造型分析

时尚红毯晚宴造型服装风格以体现活动主题，强调个性定制为主。服装可选华丽优雅、修身简洁、时尚复古的长裙，以精准展现婀娜多姿的女性身材。款式以抹胸吊带为主，可通过露背裙摆开衩斜肩等设计，以及略显夸张的首饰搭配来取胜。

饰品与服装整体风格相呼应，以精致为主。常用镶嵌珠宝的耳坠或耳钉衬托风格，配合项链、吊坠以打造完美的颈部。

三、发型造型分析

发型设计一般凸显个性，要与服饰风格融为一体，可以多变，既可简洁大气也可妩媚性感。其中高位盘发比较多见，看似随性堆砌，留出卷发尾，保持头包脸的廓型，刘海和鬓角有透气感。

任务实施

一、模特面部分析

模特面部特征及矫正重点见表3-2-1。

表3-2-1　模特面部特征及矫正重点

模特照片	模特面部特征	矫正重点
	脸型：偏鹅蛋脸，外轮廓线条较柔和	脸型：暗影修饰颧骨两侧及下颌线
	五官比例：三庭均等，眼睛长度适中，面部较为扁平	五官比例：用暗影和提亮色使鼻子更加立体、挺拔
	皮肤：皮肤泛红，尤其两颊较为明显，轻微黑眼圈，口周肤色暗沉	皮肤：绿色隔离调理两颊泛红肤色，三文鱼色遮瑕遮盖眼袋发青处
	眼睛：双眼皮褶皱不明显，左边有些内双，左右眼睛大小不一	眼睛：粘贴双眼皮贴调整眼型和眼睛大小
	眉毛：眉毛较平较淡，眉峰不突出	眉毛：压低眉头，上挑眉峰，延长眉尾
	鼻子：偏扁平	鼻子：鼻梁两侧晕染阴影色
	唇：唇型较好，下唇稍薄	唇：画出唇峰，拓宽下唇

二、实际操作

（一）粉底

用绿色隔离修饰脸部两颊及额头泛红部分，用紫色的隔离修饰嘴角周围发黄的肤色，使用三文鱼色遮瑕膏调整发青的黑眼圈。选择接近模特肤色的粉底调整和统一肤色，用阴影色在鼻翼、脸部外轮廓处进行修饰，用提亮色在T区、下巴及眼下三角区域进行提亮，增加脸部立体感。适当填补泪沟和法令纹处。注意粉底要薄透自然、持久，如图3-2-1所示。

用定妆粉进行定妆，可用散粉刷点拍在上眼皮、鼻翼等容易出油的地方，做到持久定妆，如图3-2-2所示。

图3-2-1　涂抹粉底

（二）眼部

1.使用美目贴

使用美目贴调整成双眼皮，令两只眼睛大小对称。把两只眼型调整成扇形，双眼皮褶皱由内眼角向外眼角，逐渐加宽。

2.眼影

使用三段式画法，眼头、眼尾逐渐加深，眼球中间提亮，增加眼妆的立体感，如图3-2-3所示。颜色以红棕色为主，紫色珠光提亮，先用打底色米白色上下眼皮打底，再用主色亚光棕色，从深到浅晕染整个眼部，范围大于平时生活妆，下眼影后宽前窄晕染。然后使用加深色深棕色，从睫毛根部逐渐向上晕染，范围略小于主色，在眼睛后1/3的位置画出类似小三角的形状，逐渐加深往眼窝处晕染，增加眼部立体感，下眼影在后眼尾1/3处略离开下眼睑1～2mm加深，由宽到窄，眼影逐渐和下睫毛连接。最后使用紫色珠光色在眼球中间和眼头提亮。

3.眼线

使用全包眼线的画法。可以先选择眼线笔在睫毛根部描画，再用眼线液笔画出外眼线，眼尾适当拉长上扬，画出眼头，下眼线使用眼睑下至的眼线画法，起到放大眼睛效果，如图3-2-4所示。

图3-2-2　定妆

图3-2-3　画眼影

4.睫毛

先将模特本身的睫毛夹翘，然后选择偏浓密型的假睫毛，修剪成一簇簇，粘贴在睫毛根部，使真假睫毛自然融合。最后下睫毛根据下至眼影眼线的位置进行粘贴，眼尾可以粘贴在离下睫毛1～2mm的位置，逐渐跟眼中真假睫毛逐渐交错在一起，如图3-2-5所示。

图3-2-4　画眼线

图3-2-5　处理睫毛

（三）眉毛

根据模特的脸型以及红毯宴会的造型风格，设计出立体有弧度、有棱角的眉形。描画时可以先用眉粉确定眉型轮廓，再使用灰棕色+黑色眉笔画出根根分明的野生眉。画的时候要注意眉毛的深浅过渡和层次，如图3-2-6所示。

图3-2-6　画眉毛

（四）腮红

先使用收缩色，也就是低纯度、低明度的腮红色打在颧骨最高点处，从外到内自然斜向扫，逐渐晕开。收缩色的腮红可以修饰脸型，让脸部更加立体。再使用表现色的腮红打在眼球正下方，使脸部更加饱满。腮红可以先轻拍上脸，再以打圈的方式晕开，做到少量多次，由轻到重，如图3-2-7所示。

然后使用珠光高光扫在颧骨处，打造透亮肌肤。阴影色与腮红收缩色相互融合。

图3-2-7　画腮红

（五）唇部

在化妆之前先进行润唇，唇妆的修饰一定要有立体感，搭配眼影色腮红色，选择偏冷或是偏暖的红色，勾勒出唇型，唇角可以画出微微上扬的感觉，上下唇饱满，强调立体感，如图3-2-8所示。

三、任务评价

完整妆造如图3-2-9、图3-2-10所示，根据评价表（表3-2-2）对时尚红毯晚宴造型进行评价。

图3-2-8　设计唇部造型

图3-2-9　完整妆造（1）

图3-2-10　完整妆造（2）

扫二维码观看教学视频

5.时尚红毯晚宴造型

表3-2-2　任务评价表

任务	评价内容	评分标准	分值	自评	互评	师评	备注
时尚红毯晚宴造型	妆面技术（50分）	底妆：粉底均匀自然通透，突出皮肤质感和脸部立体感	15分				
		眉毛：眉型符合模特脸型，上挑有弧度，能增加脸部立体感，虚实过渡柔和	10分				
		眼妆：双眼皮高度对称，上下眼线描画流畅，上挑自然，眼影晕染均匀有层次，过渡自然，能画出眼部深邃感	15分				
		唇妆：唇部轮廓清晰，上下唇比例协调，色彩与眼妆搭配和谐，突出立体感	10分				
	发型设计（20分）	符合造型风格，符合模特脸型和气质，有美感、时尚感，技术娴熟	20分				
	整体造型（20分）	整体色彩搭配和谐，符合晚宴气质，与妆面、发型搭配度高	20分				
	规范性（10分）	准备工作、技术动作规范，服务态度良好、团体合作融洽，能在规定时间内完成	10分				
总分100分							

注　备注栏可记录扣分原因。

课堂笔记

_____

_____

_____

_____

_____

_____

_____

_____

_____

_____

_____

_____

_____

_____

_____

🔔 学生练习

两两搭档，按照时尚红毯晚宴造型特点和要求，在规定时间内完成整体人物造型设计（模特妆面设计方案、妆面效果图、整体造型设计）并实施。

1.完成模特妆面设计方案（表3-2-3）

表3-2-3　妆面设计方案

模特照片	模特面部特征	矫正重点
	脸型：	脸型：
	五官比例：	五官比例：
	皮肤：	皮肤：
	眼睛：	眼睛：
	眉毛：	眉毛：
	鼻子：	鼻子：
	唇：	唇：

2.将时尚红毯晚宴造型设计完成后的照片贴在下方

3.绘制妆面效果图

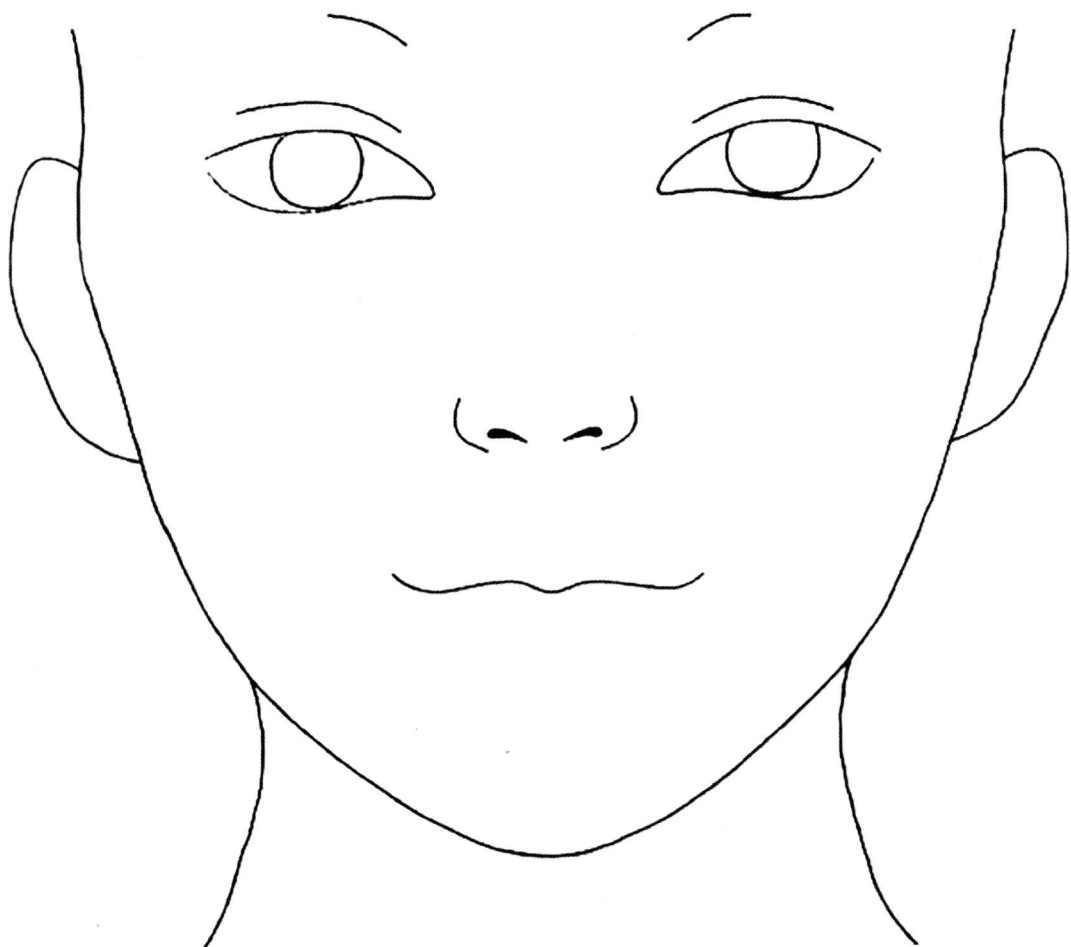

任务三　演示性晚宴造型设计

任务目标

1. 了解演示性晚宴造型的特点

2. 掌握演示性晚宴造型的操作技法

3. 能够根据模特特征进行演示性晚宴造型创作

情境描述：

学校即将举办一场晚宴彩妆秀活动，同学们需自定主题，结合模特特征进行大胆创作。

相关知识

一、演示性晚宴妆容分析

演示性晚宴妆用于参赛、考试或技术交流，具有很强的创造性。由于创作范围广，造型手法丰富多样，是化妆比赛和考试的重点考核项目。化妆师需要在规定时间内完成整体造型，充分展现其综合素质。演示性晚宴造型通常围绕一个主题进行创作构思，造型设计应具有时尚感、个性化、独特创意和艺术性。妆容设计可做大胆的尝试，如使用不同的色彩、纹理、造型，突出立体轮廓，使妆容效果更具有视觉冲击力，吸引人们的目光，展现创作者的设计才华和审美观念。

二、服饰造型分析

（一）服装

可以考虑选用更具视觉冲击力的款式和颜色，比如亮片装饰、剪裁独特的鱼尾裙或大摆裙，能够凸显模特的独特气质。流行的金属色系和珠宝装饰都是不错的选择，能够为整体造型增添贵气和高级感。另外，注意要选取与主题契合的服装，可以是带有特定概念或符号的设计，能够有效传达参赛者或活动的主题内涵。

（二）配饰

适当挑选一些独特设计款、夸张的配饰，比如耳环、项链、美甲等，凸显个性和独特性，为整体造型锦上添花。

（三）头饰

头饰的选择应与服装、发型相得益彰，可选择花卉、珠宝、羽毛、树脂等材料制作创意头饰，为作品带来独特的辨识度，让人过目难忘。

三、发型造型分析

想要发型造型独特新颖，高耸霸气，可采用发包、发片、拉丝等手法做出各种独特造型，营造层次感，再配上适当的发饰作为点缀，如头饰足够夸张，可将发型简单化。可参考如图3-3-1～图3-3-3所示的技能大赛盘发作品。

图3-3-1　盘发作品（1）
（图片来源：沈光炳工作室）

图3-3-2　盘发作品（2）

图3-3-3　盘发作品（3）

任务实施

一、模特面部分析

模特面部特征及矫正重点见表3-3-1。

表3-3-1　模特面部特征及矫正重点

模特照片	模特面部特征	矫正重点
	脸型：偏长方脸，额头两侧和两腮转折明显	脸型：暗影修饰两腮和额头两侧
	五官比例：三庭均等，眼睛长度适中	五官比例：正常修饰，不做特别处理
	皮肤：皮肤暗沉不均匀，口周有少量痘印	皮肤：用粉底膏均匀肤色，遮瑕膏遮盖瑕疵
	眼睛：双眼皮不对称，左眼尾较上扬	眼睛：右眼粘贴双眼皮，使左右眼型对称
	眉毛：眉毛上挑，眉尾较短	眉毛：眉峰后移，延长眉尾
	鼻子：鼻头较圆，鼻翼较宽	鼻子：鼻侧影修饰鼻头和鼻翼
	唇：唇色较暗	唇：遮盖唇色再上口红色

二、实际操作

（一）粉底

底妆需要强调面部结构立体感，先选择接近模特肤色以及遮盖力强的粉底液均匀肤色，较浅色号粉底涂于提亮部位、T区、眼下三角区、下颏，较暗色号粉底涂于鼻侧影、颧骨和下颏骨。如局部瑕疵还比较明显，可以选用细节刷蘸取适合的遮瑕产品进行点涂遮盖，如图3-3-4所示。

用散粉刷或粉扑均匀蘸取适量定妆粉按压定妆，避免用力擦蹭，以免造成卡粉起皮、脱妆现象。鼻翼两边、嘴角、眼睛四周进行局部细节性定妆。用修容粉饼强调面部轮廓感，暗影由发际线、耳下由外往内晕染颧骨、下颏骨，与周边粉底色自然衔接，位置不超过内轮廓。提亮色再次扫于T区、眼下三角区、下颏，如图3-3-5所示。

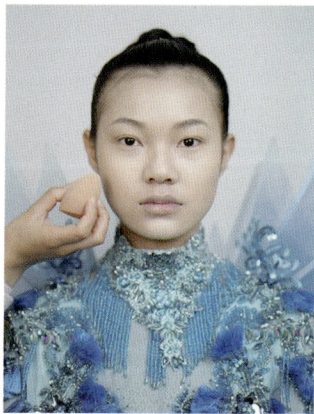

图3-3-4　涂抹粉底

图3-3-5　修容

（二）眼部

1. 使用美目贴

右眼粘贴双眼皮贴，使左右双眼皮高度一致。

2. 眼影

眼影采用欧式立体晕染法，强调眼睛的凹凸结构，如图3-3-6所示。

（1）用细眼影刷蘸取灰色眼影，在眼窝凹陷的位置自后眼尾向内画一条结构线，以结构线为基准有层次的过渡，逐步用黑色眼影加深结构线，制造眼窝凹陷的感觉。

（2）结构线与眼窝的衔接点颜色较深，向上晕染变浅，用杏色或白色眼影在眉峰下方的眉骨区域进行提亮，强调眼部的立体感。

（3）眼尾结构线以内用黑色和深蓝色眼影晕染1/3面积，粉底或遮瑕膏刷在上眼皮的空白区域并施压定妆粉，再用湖蓝色眼影晕染上眼睑眼球中间位置，眼头1/3处用白色珠光眼影晕染，蓝色闪粉点涂在眼球中间，来增加眼部神采。

（4）每种色彩之间晕染过渡自然，下眼睑眼影与上眼睑眼影对称晕染。（注意：根据场合需要也可加入创意性彩绘）

3. 眼线

用眼线刷蘸取黑色眼线膏沿睫毛根部画上眼线，眼线略粗，眼尾大胆拉长上挑。

在下眼睑尾部画下眼线并拉长，使上下眼线呈现燕子尾巴的效果，如图3-3-7、图3-3-8所示。

4. 睫毛

选用浓密加长的假睫毛，做到真假睫毛自然融合，贴完假睫毛后用黑色眼线液沿着睫毛根部描画眼线，根据需要也可挑选更夸张的假睫毛，如图3-3-9所示。

图3-3-6　画眼影

图3-3-7　画眼线（1）

图3-3-8　画眼线（2）

（三）眉毛

搭配欧式眼妆的眉形一定是更立体的眉形，要画出清晰的眉形，利落的眉尾，让整个妆容更有气势。先用眉梳对眉毛进行梳理，用灰棕色眉粉定出高挑眉形，如模特眉形较平可适当降低眉头位置，再用黑色眉笔顺着眉毛生长方向描画出毛流感。注意眉毛要左右对称，虚实结合，如图3-3-10所示。

（四）腮红

腮红采用结构式打法，选用与眼影色、服装色相协调的冷色调腮红斜向晕染，起到修饰脸型的作用。腮红边缘过渡柔和，再次晕染侧影和提亮，加强面部立体感，如图3-3-11所示。

图3-3-9　处理睫毛

图3-3-10　画眉毛

（五）唇部

选用带蓝调的正红色由嘴角往中间填满整个唇型，或用唇线笔先描画唇型，再将口红色填满唇部，要求圆润、饱满、对称，轮廓线清晰流畅。再用深红色涂于上下唇嘴角处，使唇型更加具有立体效果，如图3-3-12所示。

图3-3-11　画腮红

图3-3-12　设计唇部造型

三、任务评价

完整妆造如图3-3-13～图3-3-15所示，根据评价表（表3-3-2）对演示性晚宴整体造型效果进行评价。

扫二维码观看教学视频

6.演示性晚宴造型

图3-3-13 完整妆造（1）

图3-3-14 完整妆造（2）

图3-3-15 完整妆造（3）

表3-3-2 任务评价表

任务	评价内容	评分标准	分值	自评	互评	师评	备注
演示性晚宴造型	妆面技术（50分）	底妆：粉底均匀服帖，自然干净，突出皮肤质感及立体感，修容技巧好	7分				
		眉毛：眉型符合模特脸型，浓淡适宜，造型美且有立体感，符合模特气质	7分				
		鼻子：鼻侧影使用恰当，表现出鼻部的立体感且没有明显痕迹	5分				
		眼妆：眼影与整体造型统一协调，色彩搭配合理，色彩过渡柔和且有立体感，眼线线条流畅、清晰，真假睫毛衔接自然真实，浓密上翘	12分				

续表

任务	评价内容	评分标准	分值	自评	互评	师评	备注
演示性晚宴造型	妆面技术（50分）	腮红：运用恰当，表现出面部结构特点，改善脸型，左右对称	5分				
		唇妆：有意识地改变不标准的唇型，有美感和立体感且具有个性，色彩均匀饱满，与妆面统一协调	7分				
		整体妆面：有个性、有创新，色彩搭配合理，妆面清晰，五官比例协调，立体感强，紧扣设计主题与风格	7分				
	发型设计（20分）	发型有光泽和弹性，线条流畅，层次分明，符合模特脸型，发饰具有个性特征，体现设计意图	20分				
	整体造型（20分）	妆面、发型、服饰整体造型统一、协调，设计有创新，突出主题与风格	20分				
	规范性（10分）	桌面工具摆放有序，准备工作、技术动作规范，服务态度良好、团体合作融洽，能在规定时间内完成	10分				
总分100分							

注 备注栏可记录扣分原因。

课堂笔记

学生练习

两两搭档，按照演示性晚宴造型特点和要求，在规定时间内完成整体人物造型设计（模特妆面设计方案、妆面效果图、整体造型设计）并实施。

1.完成模特妆面设计方案（表3-3-3）

表3-3-3　妆面设计方案

模特照片	模特面部特征	矫正重点
	脸型：	脸型：
	五官比例：	五官比例：
	皮肤：	皮肤：
	眼睛：	眼睛：
	眉毛：	眉毛：
	鼻子：	鼻子：
	唇：	唇：

2.将演示性晚宴造型设计完成后的照片贴在下方

3.绘制妆面效果图

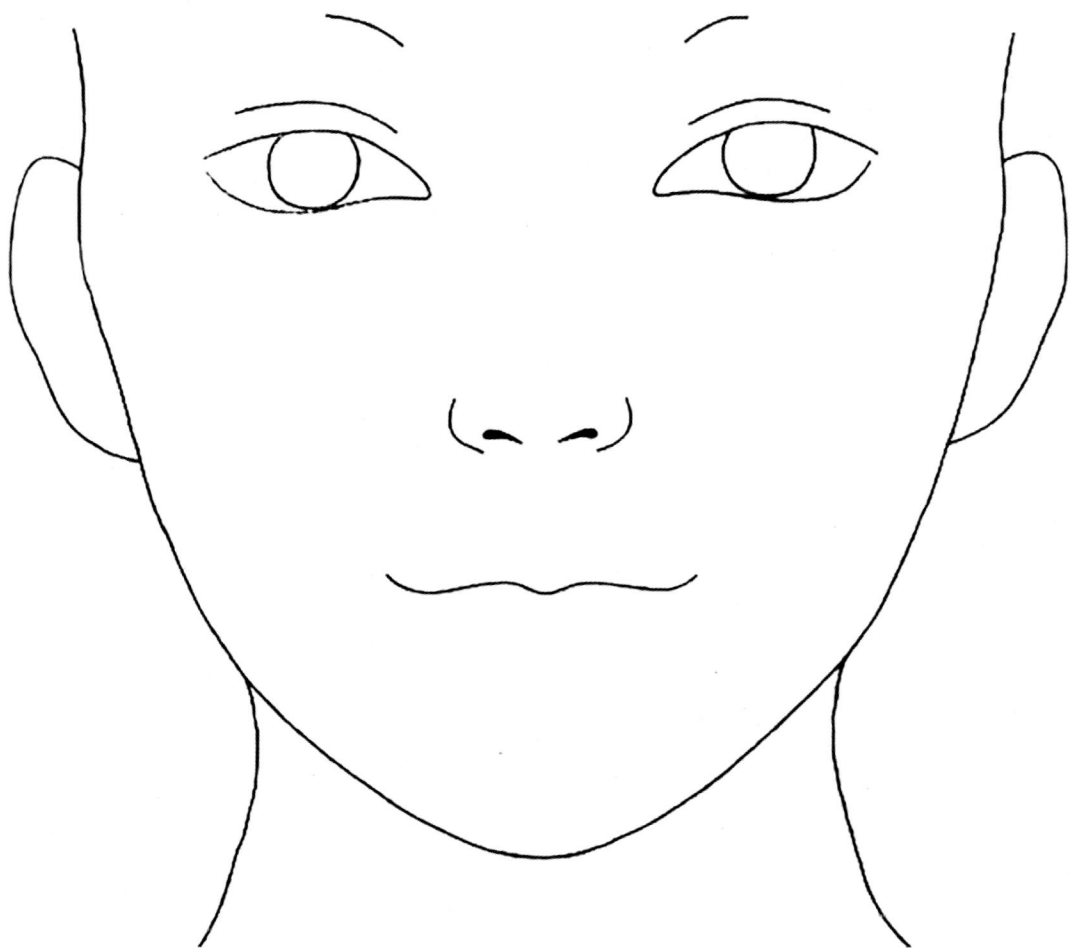

项目四 时尚复古人物造型设计

项目内容： 任务一　复古旗袍造型设计

任务二　复古摩登造型设计

任务三　复古港风造型设计

学习时间： 24～36课时

学习情景： 造型实训室

学习目标：

知识目标：

1. 深入探究复古旗袍、复古摩登及复古港风造型的核心特质。

2. 精确掌握其妆容技巧的关键要素。

能力目标：

1. 能够根据客户的独特气质和审美倾向，精心策划出符合其需求的美学设计方案。

2. 在设计方案的指导下，执行全面细致的造型创作。

素养目标：

1. 针对市场流行趋势，培育学生的专业洞察力和审美鉴赏力，以确保他们能够适应并引领行业潮流。

2. 通过小组合作的方式，培养学生的服务意识和团队协作精神，以提升他们在实际工作中的协作能力。

3. 通过反复实践操作和修正完善，培养学生的工匠精神和职业素养，使他们能够追求卓越、精益求精。

4. 通过评价学生作品并进行对比分析，培养学生的鉴赏能力和阐述能力，以提升他们的综合素质和竞争力。

任务一　复古旗袍造型设计

任务目标

1.熟悉旗袍造型的特性

2.精通复古旗袍造型的创作技巧

3.具备根据造型对象需求进行旗袍造型设计的能力

情境描述：

　　丽丽近期有一个旗袍演出活动，但自己完成不了妆造。她来到了一家造型工作室，希望打造优雅的复古旗袍造型。

相关知识

一、旗袍的起源和发展

　　旗袍文化历史悠久，其根源可追溯至我国清代。清太祖努尔哈赤在统一女真各部的过程中，创立了八旗制度，包括红、蓝、黄、白四正旗，以及镶黄、镶红、镶蓝、镶白四镶旗。进入中原后，八旗制度❶成为统治军民、区分等级的关键工具。在清朝时期，八旗臣民们普遍习惯穿着一种独特的服饰——长袍。这种服饰源于满族，是这个民族固有的特色，因此被后人亲切地赋予了"旗袍"的称谓。旗袍作为一种具有鲜明民族特色的服装，见证了满族辉煌的历史，成为中华民族传统文化的重要组成部分，如图4-1-1、图4-1-2所示。

图4-1-1　清代大襟女棉袍

❶ 张淼：《浅析"旗袍"作为文化符号的形象嬗变及其意义》，《现代职业教育》2017年第24期。

图4-1-2　清代平民大襟女袍

日常女装袍服的款式在清代各个时期有一定的变化，与这种流行变化一致的是女性袍服整体搭配上的变化，包括外衣、头饰、鞋履等。比如清中期女子，日常梳二把头头饰，穿旗装袍，戴浅色（一般为白色）围巾，脚穿花盆底鞋，手上装饰有精美的指甲套，面部化妆以弯曲细眉、细眼和薄小嘴唇的形象为尚，如图4-1-3所示。

清晚期女子日常头饰为钿子（大拉翅），身穿旗装袍，外加紧身（坎肩），脚穿花盆底鞋，手上戴有指甲套。面部化妆受西方影响而比较简单，尤其喜欢红妆，如图4-1-4所示。

20世纪初，中国社会发生剧烈动荡，辛亥革命废除帝制，后创立中华民国，中西方文化交融，各种思想解放和女性独立运动相继兴起，人们的审美观念也发生了极大的变化，"剪辫易服"成为当时的潮流，为这一时期的服饰发展提供了充足的空间。如图4-1-5所示，20世纪20年代的月份牌广告画中再现了此时的两种典型发髻。一种将所有头发全部往后梳，前额光光的；另一种则留有前刘海，两边分别挽起两只圆髻。

正是在这样的背景下，满族袍服被正式定名为"旗袍"，真正成为中华服饰文化代表的现代意义上的旗袍诞生了。❶《中国旗袍》中有这样的阐述："西方流行女装的特征，在同时期的旗袍上也有所映射。"在20世纪20年代，受到西方立体剪裁技术影响的旗袍设计，其特点为袖

图4-1-3　梳旗髻的满族妇女（清人《贞妃常服像》）

图4-1-4　清晚期女子

图4-1-5　20世纪20年代的月份牌广告画

❶ 包铭新：《中国旗袍》，上海文化出版社，1998。

口狭窄、裙长不过膝、腰身紧凑，注重展现女性"人体美"。由此，旗袍的设计逐渐向贴身合体的方向发展，并且在装饰上更加倾向于简约朴素的审美风格，如图4-1-6、图4-1-7所示。

20世纪30～40年代是旗袍发展的鼎盛时期，此时出现了"改良旗袍"❶，传统旗袍与改良旗袍之间的显著差异在于外轮廓的设计变化，这种变化由"直身"向"曲线"发展。为了更好地适应女性身体轮廓，旗袍在

图4-1-6　倒大袖旗袍

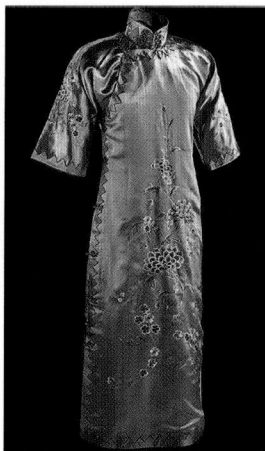

图4-1-7　20世纪20年代旗袍设计

衣身侧缝处采用了胸省和腰省的设计，以实现自然流畅的曲线美为目标，突出展现女性柔美的气质。在领口、袖口和下摆等设计细节上，借鉴了西式服装的荷叶领、泡泡袖、鱼尾裙摆等时尚元素。在搭配方式上，常搭配西装或裘皮大衣，围巾或珠宝首饰，呈现出高贵华丽的形象，体现出当时女性的时尚品位。这种从遮掩身体发展到凸显女性曼妙的曲线美的改良旗袍，使旗袍彻底摆脱了旧有模式❷，成为兼收并蓄的近代中国女子的标准服装，反映了当时女性意识的觉醒以及新兴的价值观和审美追求。

现代旗袍❸是一种融合了传统特质和时代新风的创新服饰。自20世纪60年代以来，旗袍几乎销声匿迹，直至20世纪80年代复兴，并引发了新一轮的"旗袍热潮"。时至今日，旗袍作为我国文化的象征，正以其独特的民族魅力在世界时装舞台上焕发光彩。

步入21世纪，旗袍的演绎愈发丰富且迷人。它不仅展现了古典东方之美，更在款式设计上充分满足了现代女性的审美需求和生活实用诉求。鉴于社会礼仪的需要，职业套装和礼仪服装中常常融入旗袍的设计元素，巧妙地保留旗袍的立领、盘扣、斜襟等标志性特征，并结合现代的剪裁技艺和理念，使旗袍在多元化、实用化的同时，更显女性知性优雅的气质和成熟自然的魅力。

---

❶ 卞向阳：《论旗袍的流行起源》，《装饰》，2003年第11期。

❷ 秦颖：《从旗袍的发展轨迹看审美意识的历史变迁》，《满族研究》，2013年第2期。

❸ 郑亚楠、李正：《大数据智能化时代民族审美新认知——以旗袍审美意识的变迁为例》，《服装设计师》，2024年第21期。

二、复古旗袍造型分析 ❶

（一）妆容分析

　　20世纪20年代"女学生"形象以卓然而立的身姿和脱俗的气质吸引人们的视线，成为新时代女性的新形象。此时新女性们在化妆上亦有新的举动，大都是以简洁淡雅、多元和实用为特征，妆饰成为显示个人审美情趣和消费水平的一面镜子。女性开始崇尚中西合璧的妆容，细腻白皙的皮肤、弯弯的眉毛、玫瑰红的唇色、自然的唇型，女性在化妆上已经注重自然之美。

　　由于受好莱坞电影文化的冲击，20世纪30年代中国女子的面部妆饰华丽浓重起来，如图4-1-8所示。流行的已不是传统美女的狭长丹凤眼，而是具有西洋情调的深目大眼，嘴唇也流行鲜红香艳的唇色。面如满月、身材丰腴、表情端庄的成熟女性形象大行其道，反映出当时社会的审美情趣和人们的理想形态，如图4-1-9所示，20世纪30年代第43期《良友》封面上，年轻女子留着电烫式的卷曲短发，发型是无刘海的三七分路，鬓发别在耳后，露出耳朵，高高的旗袍领子外佩戴大粒的珍珠项链。此时化妆品已经进入女性的日常消费生活。各种欧美的进口化妆品在中国大行其道，如美国的密丝佛陀等，都受到上海时髦女性的追捧。

图4-1-8　民国第一位电影皇后胡蝶

图4-1-9　20世纪30年代第43期《良友》封面

（二）服饰分析

　　20世纪20年代的旗袍为不强调腰线的直腰直线式外轮廓造型，与同时期的西方女装十分相似。甚至旗袍美女通过束胸后形成的扁平身体也与西方时兴的"女男孩"相似，构成了平胸、松腰、纤瘦的宛如少女般的旗袍美人形象。在图案及装饰方面，旗袍在纹样上和之前有较大区别。传统中国女性服装上的装饰多用工艺考究的镶嵌绲绣等传统手工工艺，而在民国初期，思想的开放使穿衣着装的传统礼仪限制有所松懈，人们倾向使用简洁的装饰方法，而

---

❶ 刘瑜：《中国旗袍文化史》，上海人民美术出版社，2011。

不是费工费时的传统工艺。旗袍的纹样出现了色彩鲜艳的色布和新奇的抽象几何纹样。这些大胆的配色和抽象的图案纹样表明了人们对西方服饰的直接借鉴和模仿。另外，20世纪20年代的西方流行女装由于受俄罗斯风格的影响，经常出现毛皮的边饰、领饰等装饰细节。无独有偶的是，这一细节也同样出现在中国旗袍中，在下摆、袖口等处以毛皮装饰，使旗袍别具风情。如图4-1-10所示，1926年刊于《北洋画报》第40期的电影明星黎明晖照片。穿着宽大的不显现身体曲线的旗袍，短短的齐耳短发，高跟皮鞋，都是当时新女性的时兴装扮。

图4-1-10 1926年刊于《北洋画报》第40期的电影明星黎明晖照片

20世纪30年代，旗袍的整体风格性感和优雅。腰身收紧，衣袖窄小，整体造型十分贴体，突出女性身体曲线。尤其改良后的旗袍外形更加合体而性感。袍身出现胸省和肩省，袖子和肩部出现了装袖、肩缝和垫肩。下摆长度呈现时长时短的流行变化趋势。侧面开衩较高。另外在领、袖等部位还出现了结合西式服装的细节设计，比如荷叶领、翻驳领等。旗袍上的装饰较多，尤其是缘饰方面又开始复杂讲究起来。面料十分多样化，其中阴丹士林蓝布一度十分流行。受到西方风格影响，比较流行的图案包括各种花卉、几何图案等，色彩鲜艳，花型大而自然立体。在旗袍的整体形象搭配上呈现了明显的"中西结合"之势。加入西式元素的时尚旗袍与高跟鞋、丝袜、卷曲的烫发以及各种完全西式的上装搭配，形成了20世纪30年代独特的女性装扮形象。20世纪30年代旗袍经历了早期的及膝旗袍、中期的及地旗袍和末期的改良旗袍三个典型阶段。

1.西式上装

与旗袍搭配的外衣一般为各式的西式服饰，比如西式短上衣、西式长大衣、西式风衣、西式马甲等。这些西式上装从外形风格、款式廓型以及工艺剪裁技术方面来看，均十分西化，与同时代的欧洲女装几乎无太大差异，比如都有圆浑的肩部造型、衣身结构为多片分割或有收省等。面料的使用也十分多样化，除了丝绸质地外，还包括毛呢、裘皮等。这样中西合璧的服饰搭配构成了20世纪30年代时尚女性的经典装扮。张爱玲在《更衣记》中也写道："中国女人在那雄赳赳的大衣底下穿着拂地的丝绒长袍，袍衩开到大腿上，露出同样质料的长裤子……"

2.高跟皮鞋和丝袜

高跟皮鞋和丝袜这两样是不折不扣的舶来品，与旗袍相配更显得女子身姿绰约。此时流行的皮鞋款式以船形为主，圆头、浅口，鞋跟高度多样，从一寸到几寸不等。20世纪30年代的上海女人极爱高跟鞋，而20世纪初就传入中国的丝袜（当时称玻璃丝袜），与高跟鞋搭配，成为女子们最心仪之物。这种透明的玻璃丝袜让女人露出的大腿更加光洁顺滑，而高跟皮鞋会使女性身体更加高挑、修长，同时曲线更加玲珑。可以说高跟鞋、丝袜和旗袍的整体搭配，让各自的优势尽显，中国女性也更大胆、自信、美丽起来。如图4-1-11所示，20世纪30年代旗袍的搭配包括西式翻驳领的上衣或毛线针织衫，冬天则搭配裘皮大衣和手笼。时兴的面料是花布、条纹和阴丹士林布。

3.饰品

时髦的女人会用不同的配件来搭配不同的旗袍。饰品的配备也是一应俱全，包括耳环、项链、手镯、戒指、胸针等，其中珍珠材质最受欢迎。修饰脸型的耳环被大量采用，年轻女孩喜用长垂的款式，成熟的女性则多喜欢贴耳的耳环，风格稳重而典雅。手套也算是极为西化的东西。中国女性从前不戴这种纯装饰和礼仪性的手套，而此时则以戴手套为时髦。这样的手套搭配旗袍、西式外套、烫发和高跟皮鞋，中西结合，别致而新颖。如图4-1-12所示，20世纪30年代的月份牌广告画中的美女梳着电烫的短发，手上戴着白色的手套，夹着小巧的皮夹式手袋。除了一身大花朵图案的传统旗袍，其他都是西化的，与西方女郎几乎没有差别。

（三）发型分析

20世纪20年代的旗袍偶尔有一些时尚新鲜的小细节（收腰、倒袖等），但总体风格仍然是保守和朴素的。与朴素简洁的女性

图4-1-11　20世纪30年代旗袍的搭配方式

图4-1-12　20世纪30年代月份牌广告画中的女性

形象搭配的发型也比较简单，甚至略显保守。这一时期流行的发式主要为传统发髻。这种发髻简单规矩，梳好以后纹丝不乱，爱美的女性喜欢将蝴蝶结或是素雅鲜花插于云鬓，所谓“茉莉太香桃太艳，可人心是白兰花”也。而前额式样则有两种。一种前额光洁，所有头发全部往后梳，而后成髻，不妨称为“传统淑女式发髻”。另一种则为前刘海式发髻，即前额有厚而平直的齐刘海，压过眉毛，可称为“清纯学生式发髻”。

图4-1-13　20世纪30年代时髦女性的发型风格

另外一种流行的发式为短直发，长度齐耳，前刘海也是齐齐地盖于额前，是走在时尚前沿的女性的发式，比如女知识分子、女学生等群体，也包括一些明星和名媛，总之是一批接受了西方观念的时髦女性。此时西方女性流行的也正是这种直直的、长度仅仅到耳际的清爽短发（宛如男孩一般）。两种典型的发式，也正代表了当时女性的两种最典型流行形象。20世纪20年代正处于民国初期，大多数女性形象仍是带有传统的温柔、贤淑风格，前面是光洁的额头，后面是整齐的发髻。而同时另一种女性形象也正在以全新的面貌出现，并在西风渐入的上海成为一种新时髦，这便是有文化、有眼界的女学生形象。这些留洋的或是在中国本土的洋教会学校中的女学生一度成为最新时尚的代言人。

20世纪30年代卷曲的烫发与旗袍相配，形成了亦土亦洋的新式时尚。“噱头噱在头上，整脚整在脚上”这句口头禅反映出20世纪30年代上海女人注重整体形象的风尚。流行的烫发式样很多，有短波浪、长波浪、大小卷等，其中又以齐肩卷发最为常见，此发型多偏分在头顶三七分，无刘海，且大多把鬓发别在耳后，或用发卡固定。当时女子打理头发多用发蜡，使头发卷曲固定。烫发最早是用火钳，随后就是电烫。随着烫发的流行，各种发网和帽子也时兴起来，尤其是贝雷帽、圆顶小礼帽。束发、戴头花也颇受年轻女性的喜爱，如图4-1-13、图4-1-14所示。

图4-1-14　烫发发型

任务实施

一、模特面部分析

模特面部特征及矫正重点见表4-1-1。

表4-1-1　模特面部特征及矫正重点

模特照片	模特面部特征	矫正重点
	脸型：脸型较为标准，颧骨略突出	**脸型**：暗影修饰颧骨两侧及下颏线，调整脸型
	五官比例：面部结构匀称，三庭分布均衡，面部轮廓略显柔和凹陷	**五官比例**：用暗影和提亮色使鼻子更加立体
	皮肤：皮肤偏黄，暗沉，有泪沟	**皮肤**：使用紫色隔离调整肤色，凹陷区域提亮，使面部平整
	眼睛：单眼皮，形态较为修长	**眼睛**：适度拉长眼尾增加眼睛长度
	眉毛：眉毛颜色较淡，有一点高低眉	**眉毛**：根据眉型勾勒出细长眉型，利用遮瑕和眉粉调整两边眉毛，使其尽量对称
	鼻子：鼻梁挺拔，整体鼻子略长	**鼻子**：在鼻梁两侧晕染阴影色，T字部位鼻头提亮
	唇：唇型较好，但不明显	**唇**：修饰两边唇角，勾勒唇型打造妩媚微笑唇

二、实际操作

（一）粉底

要打造薄透润泽的底妆，应选用紫色调的隔离产品来调整肤色，以达到肤色均匀的效果。选用与模特肤色相匹配的粉底液（霜）。使用时，遵循由内向外的涂抹顺序，采用轻薄涂抹方式，以实现肤色的均匀分布。特别是在面部凹陷部位，推荐使用遮瑕产品进行提亮，从而在视觉上营造出面部平整的效果。通过这样的处理，模特的肤色将显得更为自然、均匀，如图4-1-15所示。

在定妆环节，推荐选用与粉底色相协调或透明质地的散粉，并运用散粉刷以轻柔的手法进行定妆，以防止妆感显得过于厚重。为了营造更加自然清透的妆效，建议在T字部位及脸颊处优先进行定妆处理。在化妆过程中，应审慎运用侧影技巧来修饰鼻子，以营造出立体的鼻形，同时确保其与眼窝的自然衔接，进而增强眼窝的立体感。此外，通过巧妙的明暗处理，可以有效塑造出鹅蛋形的脸型，使面部轮廓更加柔和。在完成这些步骤后，使

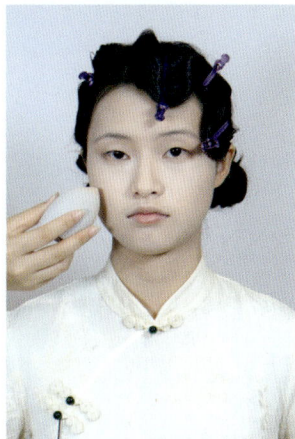

图4-1-15　涂抹粉底

用高光产品提亮面部的内轮廓，最后以透明或淡粉色定妆粉进行定妆，以确保妆容的持久与自然，如图4-1-16所示。（**注意**：粉底要与发际线、颈部、耳朵等处自然衔接，不要出现色差）

（二）眼部

1.眼影

选择一个浅色调的眼影（如米色、淡粉色或浅棕色），用眼影刷均匀涂抹在眼窝区域，为后续的深色眼影做打底。选择一个中等深浅的色调（如棕色、酒红或深紫色），用眼影刷涂抹在上眼皮的折线处，从外眼角向内眼角轻轻晕染。然后，选择一个更深的色调，用眼影刷涂抹在眼窝最深处，加深眼部的立体感，如图4-1-17所示。（**注意**：在涂抹眼影时，要注意手法轻柔，避免眼影过重或晕染不均匀）

2.眼线

使用黑色或深棕色的眼线笔或眼线液，从眼角的上方开始，沿着睫毛根部描绘出一条细细的眼线。如果想要更复古的效果，可以将眼线稍微加粗并略微上扬，如图4-1-18所示。（**注意**：眼线的描绘要根据个人眼型进行适当调整，不要过于生硬或夸张。在选择眼影和眼线颜色时，要考虑与旗袍的颜色和整体造型的协调性）

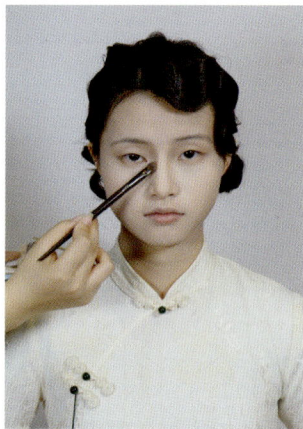

3.睫毛

为了塑造卷翘且浓密的睫毛，首先需要使用睫毛夹精心夹翘模特的天然睫毛。接下来，涂抹睫毛定型液以确保睫毛的卷翘度持久不变。为了进一步增强睫毛的浓密感和眼型的拉长效果，

图4-1-16 定妆

图4-1-17 画眼影

图4-1-18 画眼线

图4-1-19 处理睫毛

建议选择与自然睫毛相近的假睫毛，并将其巧妙地粘贴在睫毛根部。通过这一步骤，可帮助眼睛焕发出更加迷人和动人的光彩，如图4-1-19所示。

（三）眉部

使用与发色相近的眉笔或眉粉，填补眉毛空隙，顺着眉毛生长的方向轻轻晕染，使眉毛看起来更加自然浓密，如图4-1-20所示。

图4-1-20　画眉毛

（四）腮红

选用橘红色腮红，以轻柔的手法从眼下至颧骨再至眼后的区域进行晕染。在颧骨部位适当加深腮红的晕染效果，使腮红外缘自然渐变至浅色，与肤色形成和谐的过渡，呈现出自然柔和的妆效，如图4-1-21所示。

（五）唇部

1.色彩

20世纪30年代的妆容通常偏向自然和经典，因此唇部的色彩选择也较为保守。常见的口红颜色有深红色、酒红色或玫瑰红，这些颜色能够凸显女性的成熟与典雅。

图4-1-21　画腮红

2.唇型

用唇线笔或者唇刷勾勒出清晰的唇型，使唇部线条更加分明，如图4-1-22所示。

（六）定妆

最后，使用定妆喷雾或定妆粉轻轻定妆，确保妆容更加持久。

图4-1-22　设计唇部造型

三、任务评价

完整妆造如图4-1-23、图4-1-24所示，根据评价表（表4-1-2）对复古旗袍整体造型效果进行评价。

扫二维码观看教学视频

7.复古旗袍造型

图4-1-23 完整妆造（1）

图4-1-24 完整妆造（2）

表4-1-2 任务评价表

任务	评价内容	评分标准	分值	自评	互评	师评	备注
复古旗袍造型	妆面技术（50分）	底妆：粉底均匀服帖，自然干净，突出皮肤质感及立体感，修容技巧好	8分				
		眉毛：眉型符合模特脸型，浓淡适宜，造型美且有立体感，符合模特气质	8分				
		眼妆：眼影与整体造型统一协调，色彩搭配合理，加双眼皮线条干净、清晰，真假睫毛衔接自然真实，浓密上翘	20分				
		整体妆面：符合时代特征，色彩搭配合理，妆面清晰，五官比例协调，立体感强	14分				
	发型设计（20分）	发型设计符合模特脸型和气质，造型美观，线条流畅，层次分明，发饰搭配合理	20分				
	整体造型（20分）	妆面、发型、服饰整体造型统一、协调，设计符合时代风格和模特特征	20分				
	规范性（10分）	桌面工具摆放有序，准备工作、技术动作规范，服务态度良好、团体合作融洽，能在规定时间内完成	10分				
总分100分							

注 备注栏可记录扣分原因。

任务拓展

课后结合本节教学目标、内容和评价标准，为同学塑造一款复古旗袍造型。

课堂笔记

_____

_____

_____

_____

_____

_____

_____

_____

_____

_____

_____

_____

_____

_____

_____

_____

_____

_____

学生练习

两两搭档，按照复古旗袍造型特点和要求，在规定时间内完成整体人物造型设计（模特妆面设计方案、妆面效果图、整体造型设计）并实施。

1.完成模特妆面设计方案（表4-1-3）

表4-1-3　妆面设计方案

模特照片	模特面部特征	矫正重点
	脸型：	脸型：
	五官比例：	五官比例：
	皮肤：	皮肤：
	眼睛：	眼睛：
	眉毛：	眉毛：
	鼻子：	鼻子：
	唇：	唇：

2.将复古旗袍造型设计完成后的照片贴在下方

3.绘制妆面效果图

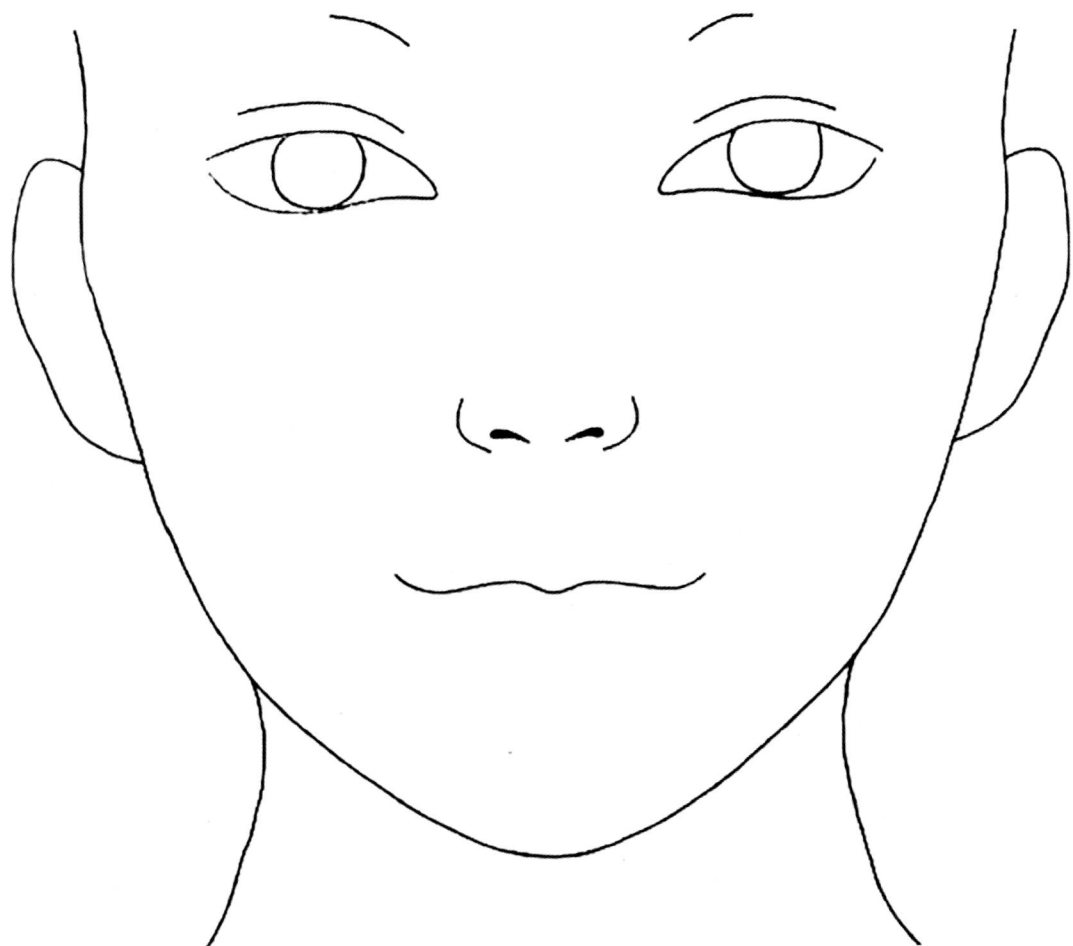

任务二　复古摩登造型设计

任务目标

1. 了解复古摩登造型的特点

2. 掌握复古摩登造型的操作技法

3. 能够根据顾客特点进行复古摩登造型设计

情境描述：

　　小颖最近特别喜欢西方20世纪60年代的造型，于是想到影楼想拍摄一组复古照片，让造型师为她设计一款复古摩登造型。

相关知识

一、复古摩登造型的历史背景

　　20世纪60年代，随着西方社会经济的迅速崛起，物质生活丰富多样，文化思潮翻涌不息，共同描绘了第二次世界大战后的一段繁荣时期。在此期间，人口出生率呈现出急剧的增长趋势，到20世纪60年代中期，美国几乎有一半的人口年龄在25岁以下。这一批在战后成长起来的年轻人，在优越的环境中长大，此时正值青壮年时期，追求社会的认同和自我价值的实现。在此背景下，一场充满活力的年轻文化运动在欧洲大陆轰轰烈烈出现。年轻人开始展现出强烈的反叛精神，他们在审美观念和着装风格上与他们的父辈截然不同，他们追求年轻化，替代成熟感，以前卫替代传统。从20世纪50年代最优雅的年代蜕变成了最激情、最大胆、最多元的时尚年代。

二、复古摩登造型分析

（一）妆容分析

20世纪60年代的妆容更多的心思是在眼妆部分，英国超模Twiggy，让浓密浓重的眼妆在这个年代流行了起来（图4-2-1）。用纤长浓密的假睫毛来打造大眼娃娃妆，尤其是一簇簇的下睫毛，搭配时髦大胆的彩色眼影，如蓝色、绿色或紫色，黑色眼线勾勒出夸张的眼部轮廓，使眼睛看起来大而有神。眉毛呈现上扬弧度纤细自然，强调眼部轮廓的同时营造出一种时尚的感觉。为了在妆容上突出小女孩的皮肤感，常使用明亮的粉底和腮红来营造出白皙的肌肤和精致的妆容，保持肌肤光洁，无高光。一些人还会在太阳穴和颧骨处使用轮廓修饰来突出面部轮廓。唇部通常是淡淡的粉色或裸色，偶尔也会出现较为艳丽的红色或橘红色。这种具有迷幻和前卫风格的妆容，至今仍然对时尚和化妆界有着深远的影响，也为后来的时尚和美妆趋势奠定了基础。

图4-2-1 英国超模Twiggy

（二）服饰分析

20世纪60年代的服装风格体现了当时年轻人的反文化态度和对传统审美的背离，有一种不循规蹈矩但又时尚潮流的感觉。这一时期的服装特点如下。

1.反体制时装

这一时期，年轻人表现出强烈的反叛意识，他们的服饰风格突破了传统的审美框架，超短裙、紧身连裤袜、花形首饰和大波浪卷发成为流行的标志，如图4-2-2所示。

2.追求简约设计

20世纪60年代的服装风格秉持简约原则，呈现出整洁、利落的视觉效果。在款式方面，这一时期的服装设计以瘦身为特点，肩部剪裁较为狭窄，夏装以无袖款式为主，

图4-2-2 反体制时装

2. 蓬松发型

蓬松发型是一种蓬松的圆形发型，通过倒梳增加发量使头发高高抬起，通常遮住耳朵或垂在两侧。美国第一夫人杰奎琳·肯尼迪经常留着这种发型，让其备受广大女性追捧，如图4-2-10所示。

3. 刘海长发

当时流行直刘海和卷发相结合的发型，这种发型适用于有意遮盖额头或者想要柔化面部轮廓的女性，如图4-2-11所示。

4. 波波头

波波头是指厚重略长的刘海加上蓬松的头顶，整洁流畅且圆润饱满，能够起到修饰脸型和头部轮廓的作用。其适应性比较强，可以根据女性头发类型和厚度来调整，呈现出剪裁的独特性，如图4-2-12所示。

5. 短发

短发是20世纪60年代标志性的发型之一，是英国超模Twiggy引领的潮流，它代表着一股特立独行、不受拘束的新审美观念。随着现代风格时尚的发展，这种短发变得越来越流行，如图4-2-13所示。

图4-2-10 蓬松发型　　　　图4-2-11 刘海长发　　　　图4-2-12 波波头　　　　图4-2-13 短发

任务实施

一、模特面部分析

模特面部特征及矫正重点见表4-2-1。

表4-2-1　模特面部特征及矫正重点

模特照片	模特面部特征	矫正重点
	脸型：脸型为标准鹅蛋脸，外轮廓线条较柔	脸型：暗影修饰颧骨两侧及下颌线，调整脸型
	五官比例：三庭均等，眼睛较圆，面部较平	五官比例：用暗影和提亮色使鼻子更加立体
	皮肤：皮肤较为白皙，鼻翼两侧、嘴角等皮肤偏暗	皮肤：使用补水隔离使脸部自然透亮，暗部区域提亮
	眼睛：平扇形双眼皮，两边双眼皮不对称，眼睛较圆略肿	眼睛：适度拉长眼尾增加眼睛长度，使用亚光眼影消肿
	眉毛：眉毛颜色较淡，有一点高低眉	眉毛：画出自然眉峰，加深眉色，眉尾拉长
	鼻子：鼻梁较低，鼻头圆润	鼻子：在鼻梁两侧晕染阴影色，T字部位鼻头提亮
	唇：唇型较好，下唇略薄	唇：加厚下唇，调整唇型，画出自然唇型

二、实际操作

（一）粉底

要打造薄透润泽的底妆，应选用粉色调的隔离提亮肤色，均匀肤色。选用与模特肤色相接近的粉底液（霜），按照由内向外的顺序进行薄涂，做到肤色均匀，如图4-2-14所示。

选择与粉底色相同或透明的散粉，用散粉刷进行轻薄定妆，避免粉质感过重，为了使妆容更自然清透，可以在T字部位脸颊处先定妆。

适量使用侧影修饰鼻子，使鼻子立体，可衔接至眼窝，使眼窝看起来更加立体。通过明暗将脸型修成鹅蛋形。高光提亮内轮廓，然后用透明或偏粉色的定妆粉定妆，如图4-2-15所示。（注意：粉底要与发际线、颈部、耳朵等处自然衔接，不要出现色差）

图4-2-14　涂抹粉底

（二）眼部

1.眼影

先用眼部打底产品为眼部肌肤打底，这能够增加眼影的持久度和显色度。根据自己的眼型和需求，确定假双的范围。一般来说，假双的范围应该在眼窝处，即从眉毛下方到眼球上方的区域。用指腹轻轻按压这个区域，确定假双的范围。

使用遮瑕膏将假双范围外的眼影晕染遮盖掉，这能够使假双效果更加明显。选择与肤色相近的遮瑕膏，用刷子轻轻涂抹在假双范围外的眼影上，使其与假双范围形成明显的对比。使用眼影刷将深色眼影从假双范围开始，向外晕染，逐渐过渡到浅色眼影。这样能够使眼妆看起来更加自然，同时也能够增加眼部的层次感。在晕染时，要注意保持眼影的均匀和渐变效果，如图4-2-16所示。

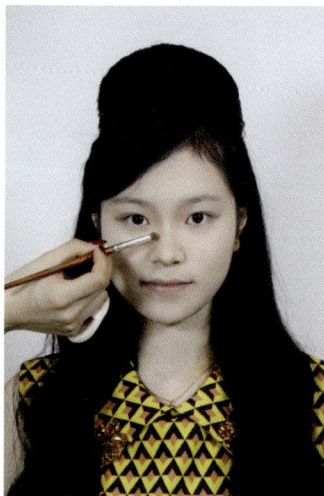

图4-2-15　定妆

2.眼线

选择黑色眼线笔，通过眼线将眼形画得更细长一些、使用内外眼线，在尾部后数三四根睫毛的位置微微上挑，可拉长2～4mm，线条一定要干净流畅。

3.睫毛

用睫毛夹夹翘睫毛，使弧度自然卷翘，先涂睫毛定型液进行定型，再用睫毛膏使睫毛浓密。假睫毛可选用浓密睫毛一簇一簇粘贴，也可选用尾部长一些的假睫毛，增加长度和浓密度，让眼睛看起来更有神韵，如图4-2-17所示。

图4-2-16　画眼影

（三）眉毛

眉形采用自然的弧度，不宜过粗，线条要清晰。可先用与发色接近的眉粉，比如灰棕色眉粉画出大致形状，然后用灰棕色眉笔加深眉底线，眉骨处可以用遮瑕膏提亮，强调眉毛立体感。注意眉毛要做到前虚后实，上虚下实，如图4-2-18所示。

图4-2-17　处理睫毛

（四）腮红

选用橘红色腮红，以轻柔的手法从眼下至颧骨再至眼后的区域进行晕染。在颧骨部位适当加深腮红的晕染效果，使腮红外缘自然渐变至浅色，与肤色形成和谐的过渡，呈现出自然柔和的妆效，如图4-2-19所示。

（五）唇部

在色彩选择上，推荐使用橘色或梅子色口红，以凸显唇部的立体感和活力。对于唇型的塑造，应追求饱满圆润且左右对称的效果，营造出微笑唇的愉悦感。为实现这一目标，可以使用唇笔来精细勾勒唇部轮廓，并使用遮瑕膏对唇型进行进一步的细致修饰，以呈现出完美的唇部妆容，如图4-2-20所示。

（六）定妆

最后，使用定妆喷雾或定妆粉轻轻定妆，确保妆容更加持久。

图4-2-18　画眉毛	图4-2-19　画腮红	图4-2-20　设计唇部造型

三、任务评价

完整妆造如图4-2-21、图4-2-22所示，根据评价表（表4-2-2）对复古摩登整体造型效果进行评价。

图4-2-21　完整妆造（1）

图4-2-22　完整妆造（2）

扫二维码观看教学视频

8.复古摩登造型

表4-2-2　任务评价表

任务	评价内容	评分标准	分值	自评	互评	师评	备注
复古摩登造型	妆面技术（50分）	底妆：粉底均匀服帖，自然干净，突出皮肤质感及立体感，修容技巧好	8分				
		眉毛：眉型符合模特脸型，浓淡适宜，造型美且有立体感，符合模特气质	8分				
		眼妆：眼影与整体造型统一协调，色彩搭配合理，加双眼皮线条干净、清晰，真假睫毛衔接自然真实，浓密上翘	20分				
		整体妆面：符合时代特征，色彩搭配合理，妆面清晰，五官比例协调，立体感强	14分				
	发型设计（20分）	发型设计符合模特脸型和气质，造型美观，线条流畅，层次分明，发饰搭配合理	20分				
	整体造型（20分）	妆面、发型、服饰整体造型统一、协调，设计符合时代风格和模特特征	20分				
	规范性（10分）	桌面工具摆放有序，准备工作、技术动作规范，服务态度良好、团体合作融洽，能在规定时间内完成	10分				
总分100分							

注　备注栏可记录扣分原因。

任务拓展

　　课后结合本节教学目标、内容和评价标准，为同学塑造一款复古摩登造型。

课堂笔记

_____

_____

_____

_____

_____

_____

_____

_____

_____

_____

_____

_____

_____

_____

_____

学生练习

　　两两搭档，按照复古摩登造型特点和要求，在规定时间内完成整体人物造型设计（模特妆面设计方案、妆面效果图、整体造型设计）并实施。

1.完成模特妆面设计方案（表4-2-3）

表4-2-3　妆面设计方案

模特照片	模特面部特征	矫正重点
	脸型：	脸型：
	五官比例：	五官比例：
	皮肤：	皮肤：
	眼睛：	眼睛：
	眉毛：	眉毛：
	鼻子：	鼻子：
	唇：	唇：

2.将复古摩登造型设计完成后的照片贴在下方

3.绘制妆面效果图

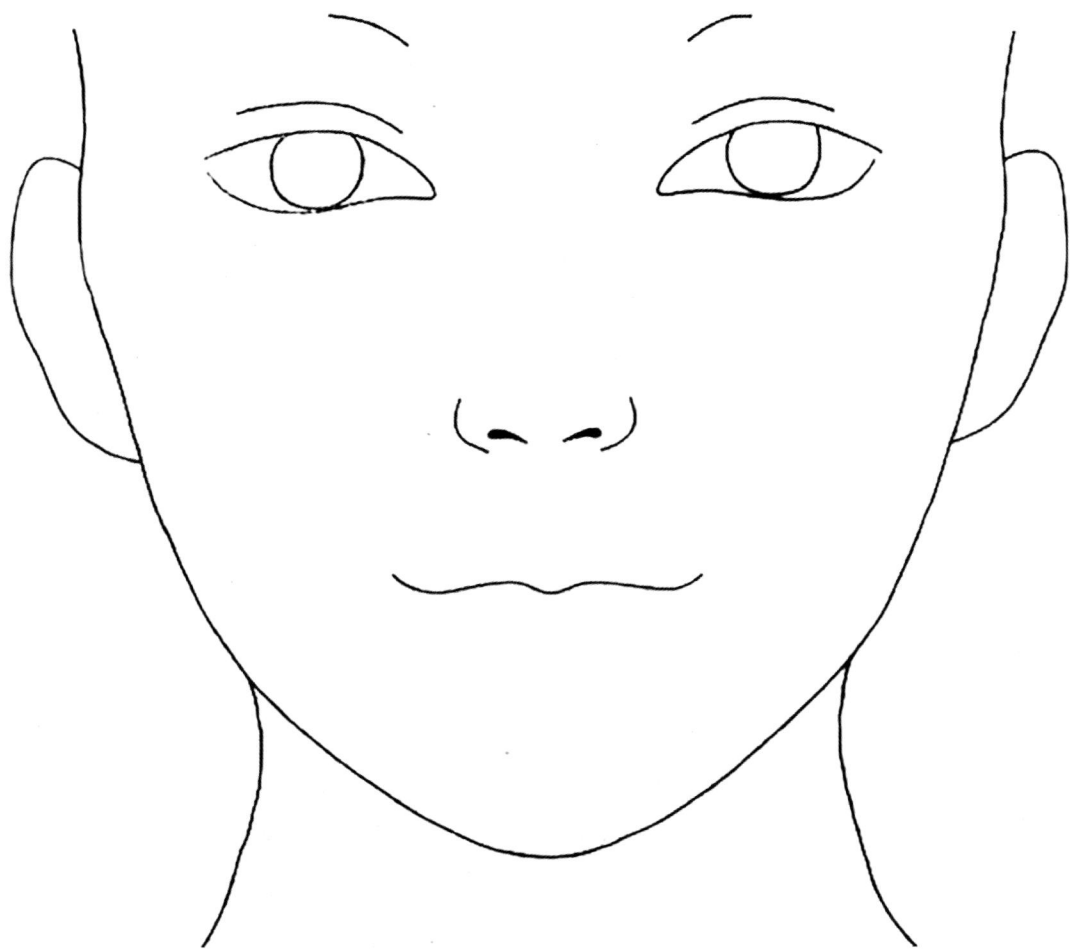

任务三　复古港风造型设计

任务目标

1.了解复古港风造型的特点

2.掌握复古港风造型的操作技巧

3.熟练运用复古港风造型手法，掌握具有中国20世纪90年代特色时尚造型的塑造能力

情境描述：

　　小美的好朋友们计划下个月举行一场隆重的"复古港风"主题派对，小美为了自己的复古港风造型既符合派对主题，又能塑造自己的颜值和风采，希望造型师能为她打造一款经典且风情万种的复古港风造型。

相关知识

一、复古港风造型的历史背景

　　20世纪90年代，中国经济发展进入了一个极为活跃的新阶段，而经济的活跃度往往影响人们选择相适应的社会生活和流行造型。20世纪90年代的香港，是一个充满活力、机遇、魅力和挑战的多元文化都市。在经济上，它是全球贸易金融中心之一，时尚产业和娱乐业十分辉煌，经济尤其繁荣。在文化上，香港的电影、音乐、时尚杂志等在各个新媒体的影响下不断壮大，其中港剧是香港文化的重要代表，香港的电影业得到空前的发展，受到大众广泛欢迎，许多经典的港剧作品和香港明星英姿飒爽、风情万种的形象深入人心，成了那个年代人们心中的青春记忆。

　　复古港风造型是经久不衰的经典造型，是跨越时空的时尚潮流，它的特点在于巧妙地将不同风格、不同元素混搭，将西方随性的时尚美与中国人的古典美完美结合，展现人们独立自由、自信洒脱、追求时尚的独特个性魅力。

二、复古港风造型妆造分析

（一）复古港风妆容分析

1.底妆

20世纪90年代的妆粉产品有了较大发展，出现了液体粉底、膏状遮瑕粉底、粉条等产品，妆粉的颜色有了适合亚洲人的偏黄色粉底，随着"立体化妆"概念逐渐被年轻人推崇，使用不同色的底妆产品塑造面部立体感的技法逐渐被推广，促进了更多爱美人士去追求时尚港风妆容。港风的底妆整体为亚光雾面的立体干净妆感，选用遮瑕力度较好的底妆产品，提亮额头、眉骨、眼下三角区、鼻梁、下巴等区域，修容侧脸、鼻侧影和颧骨等部位，着重凸显脸部和五官的立体感。不强调腮红，腮红颜色多为自然色，常与修容合并使用。

2.眉妆

港风的眉妆具有自然野性的帅气感，相对较英气的野生感，或偏自然感的小剑眉。强调眉眼之间的立体衔接。眉型较粗，眉尾随着眉骨的走势和折叠感形成折角弧度，眉色较浓黑，眉毛注重毛流感或柔雾感的刻画，体现出港风眉妆的自然灵动和英气成熟。

3.眼妆

20世纪90年代出现许多眼妆产品，新推出了适合亚洲人的大地色系眼影、眼线笔、眉笔等产品，眼部化妆产品的推陈出新推动了眼妆的发展，如20世纪90年代的时尚顶流港风造型，眼妆整体以干净、立体、质感为主，着重眼睛的立体深邃感刻画，基本使用大地色系眼影晕染，黑色全包眼线勾勒眼睛形状等化妆特点，且较少使用珠光亮片等光感产品。

4.唇妆

港风的唇妆为饱满性感风格，唇型丰满利落，唇边缘线条清晰流畅，唇峰明显，流行勾勒唇线。唇妆颜色为较浓郁的亚光红色系，基本为大红、棕红色、豆沙色、枫叶红、铁锈红等颜色。

（二）复古港风发型分析

20世纪90年代的发型是百花齐放的，发型长短不重要，更注重塑造自我个性。港风的发型整体强调自然健康和风情感，表现为有弧度且蓬松度高的发型，具有发量浓密、发色黑、颅顶高、弧度卷、大偏分的特点。其中"高刘海"发型备受追捧并风行于各地。"高刘海"发型是用卷梳将额前刘海上翻再用吹风机向右侧吹出弧度的一种造型，具有较强的立体感。港风较为流行的有以下几种：三七分短发卷发、氛围感大波浪卷发、港风黑长直发、复古羊毛卷。其中羊毛卷和高颅顶偏分的波浪卷发是香港女星经久不衰的上镜发型，独具野性且妩媚风情是复古港风造型的代表。

（三）复古港风服饰分析

20世纪后半叶是艺术和时尚互相融合交错并列的年代，20世纪90年代是中国服装进入多姿多彩的时代，此时的服装潮流已与国际接轨，中国人穿衣逐渐脱离物质和传统观念的局限。而20世纪90年代的服装主要表现两类风格，一类是突出"露、紧、透"的性感风，这不仅是现代时装设计师大胆表现的艺术手法，也是人们在审美愉悦度上的挑战。另一类则是各种不拘礼节、随性舒适的休闲装和"中性"风潮，中性化的女装设计，得到了极度普及，主要表现在重叠式时装的自由组合搭配，使重叠穿衣成为时髦的自由着装方式，成为最经典的港风穿搭风格。最具特色的港风穿搭单品有印花衬衫、牛仔外套、西装外套、夹克衫、风衣、健美裤、牛仔裤等，营造时尚层次感（图4-3-1）。服装颜色丰富多样，但色彩饱和度较低，如牛仔蓝、咖啡色、深红色等，或明度较高的亮色。服装图案多为格子、条纹、波点等抽象图形，耳饰是港风造型的点睛之笔，风格一般较夸张，形状较大、较长，或大圈形，材质有珍珠、金属、宝石、亚克力等。造型配饰还有经典的粗发箍、墨镜，丝巾等。总而言之，20世纪90年代的中国服饰开始相对独立且种类丰富，并呈现多样化的发展趋势，而潮流顶峰的复古港风造型在中国乃至国际时装的舞台上大放光彩，成为时代永恒的经典。

图4-3-1　复古港风服饰（图片来源：百度网百家号）

任务实施

一、模特面部分析

模特面部特征及矫正重点见表4-3-1。

表4-3-1 模特面部特征及矫正重点

模特照片	模特面部特征	矫正重点
	脸型：脸型偏菱形，脸颊有少许不对称，额头较窄，太阳穴凹陷	脸型：提亮色提亮太阳穴位置，阴影色修饰颧骨处
	五官比例：中庭较长	五官比例：压低眉头，提亮额头和下巴区域
	皮肤：皮肤瑕疵较多，毛孔粗大，肤色偏暗黄	皮肤：遮瑕膏遮盖面部瑕疵处，隔离霜调整面部肌底色
	眼睛：两眼双眼皮不对称，双眼无神，有眼袋和黑眼圈	眼睛：在右眼粘贴双眼皮贴，遮瑕笔遮瑕眼袋和黑眼圈
	眉毛：两眉长短不对称，高低差距较大	眉毛：将眉毛尽量调整对称
	鼻子：鼻梁高度适中，鼻头偏大，鼻梁偏厚	鼻子：阴影色修饰鼻侧影和鼻翼
	唇：唇型较饱满，上唇偏厚，唇色较深	唇：粉底涂抹唇部，重新勾勒理想唇型

二、实践操作

（一）粉底

选用遮瑕笔修饰模特的眼袋和黑眼圈，使用遮瑕膏遮住面部瑕疵处。再用隔离霜涂抹面部，均匀模特肤色。

选用比模特自身肤色亮一号的粉底，用粉扑点拍涂抹全脸及颈部，均匀整体肤色。

选用较亮的粉底提亮T区和眼下三角区、下巴、眉弓骨等区域，使用阴影色修饰鼻侧影、鼻翼、眼窝、颧骨外侧等区域进行调整，增加面部立体感，如图4-3-2所示。选用与粉底色相同或透明的散粉，用定妆粉扑进行定妆，使底妆服帖牢固。

图4-3-2 涂抹粉底

（二）眉毛

使用修眉刀修饰眉形，将两眉尽量调整对称。根据复古港风眉妆特点，使用黑色眉笔描画较粗的挑眉，注意毛流感的刻画和两眉的对称度和虚实感，如图4-3-3所示。

（三）眼部

1.眼影

使用亚光亮色眼影轻扫上眼睑中间区域，选用大地色系眼影沿睫毛根部晕染至眼窝处，再使用深咖啡色眼影晕染在双眼皮褶皱内，上下眼影呼应协调，增加眼部立体感。

2.眼线

使用黑色眼线笔沿睫毛根部描画全包眼线，注意眼尾不拉长，线条流畅，表现自然。

3.睫毛

使用睫毛夹对睫毛进行卷翘处理，如图4-3-4所示。

（四）腮红

用橘色系腮红在颧骨结构处轻扫，呈斜向方向晕染，使腮红与修容相协调。注意腮红边缘柔和，自然过渡。

（五）唇部

用唇刷蘸取红色系亚光唇膏描画饱满唇型，再均匀涂满全唇，注意唇轮廓线干净清晰，如图4-3-5所示。

三、任务评价

整体妆造如图4-3-6、图4-3-7所示，根据评价表（表4-3-2）对复古港风造型进行评价。

图4-3-3　画眉毛

图4-3-4　眼部妆容处理

图4-3-5　设计唇部造型

图4-3-6　整体妆造（1）

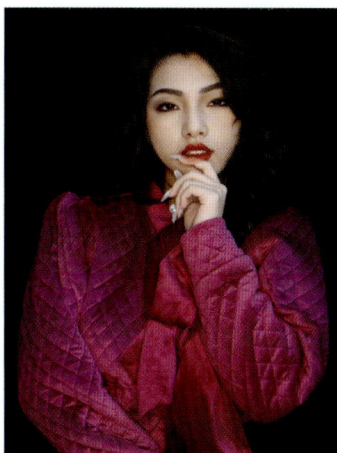

图4-3-7　整体妆造（2）

扫二维码观看教学视频

9.复古港风造型设计

表4-3-2　任务评价表

任务	评价内容	评分标准	分值	自评	互评	师评	备注
复古港风造型	妆面技术（50分）	底妆：粉底厚薄均匀，遮盖瑕疵，体现立体结构底妆，有效遮盖模特面部瑕疵，定妆服帖牢固	12分				
		眉毛：两眉对称，眉色浓黑，眉形较粗，眉尾随眉骨走势刻画弧度，体现毛流感或柔雾感，眉妆整体符合复古港风造型特点	15分				
		眼妆：眼线描画流畅，眼影晕染均匀干净，上下自然呼应，眼影与腮红连接，衔接自然	10分				
		唇妆：唇型符合港风唇妆特点，唇型饱满自然，外轮廓线清晰明确对称，唇色亚光	13分				
	发型设计（20分）	发色黑、颅顶高、刘海层次高、大偏分、头型饱满，发型设计整体符合复古港风造型特征，发饰佩戴和谐，风格统一	20分				
	整体造型（20分）	服饰、发饰的选择和妆面的设计符合复古港风特征，色彩搭配有层次感，风格复古统一，整体协调自然	20分				
	规范性（10分）	准备工作、技术动作规范，服务态度良好，能在规定时间内完成	10分				
总分100分							

注　备注栏可记录扣分原因。

课堂笔记

学生练习

两两搭档，按照复古港风造型特点和要求，在规定时间内完成复古港风的整体人物造型设计（模特妆面设计方案、妆面效果图、整体造型设计）并实施。

1.完成模特妆面设计方案（表4-3-3）

表4-3-3　妆面设计方案

模特照片	模特面部特征	矫正重点
	脸型：	脸型：
	五官比例：	五官比例：
	皮肤：	皮肤：
	眼睛：	眼睛：
	眉毛：	眉毛：
	鼻子：	鼻子：
	唇：	唇：

2.将复古港风造型设计完成后的照片贴在下方

3.绘制妆面效果图

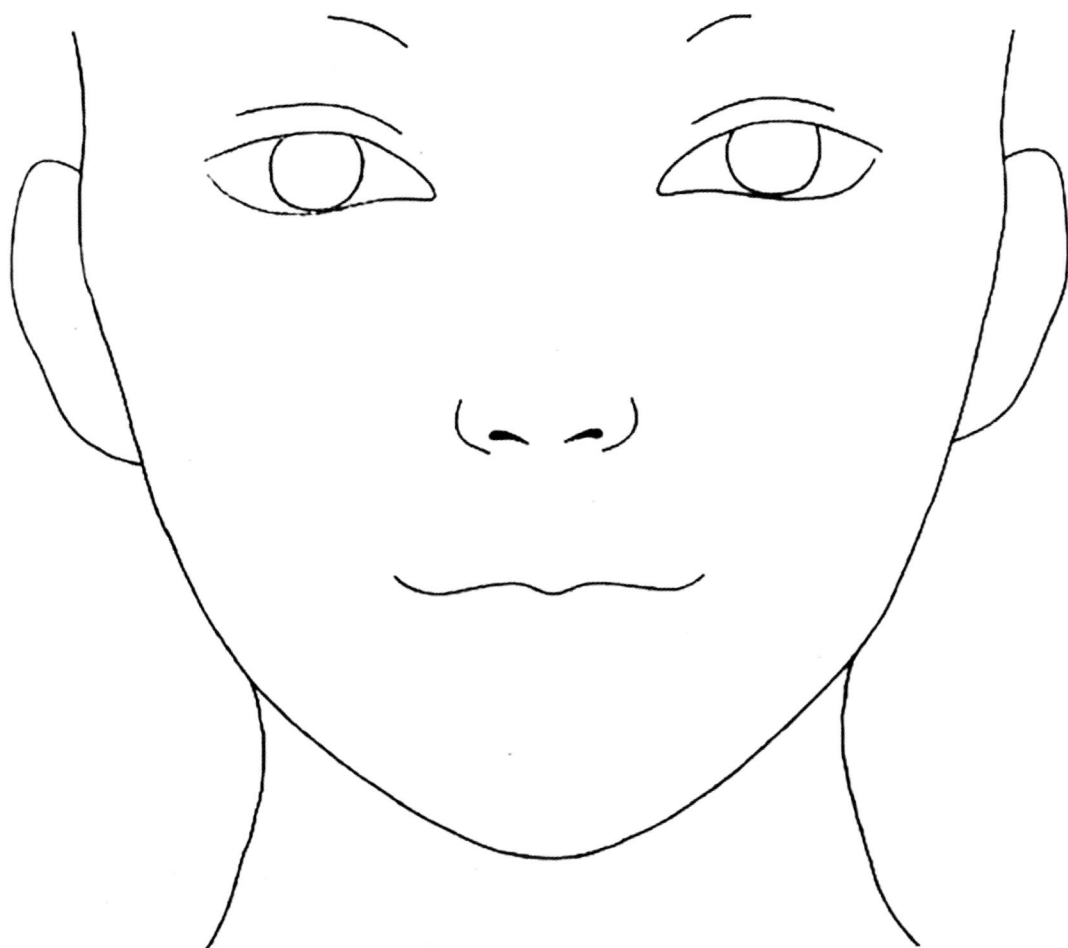

项目五 时尚古风人物造型设计

项目内容： 任务一　汉代人物造型设计

任务二　唐代人物造型设计

任务三　宋代人物造型设计

任务四　明代人物造型设计

学习时间： 24~36课时

学习情景： 造型实训室

学习目标：

知识目标：

了解汉代、唐代、宋代、明代四个朝代的历史背景，以及四个朝代妆面、发型、服饰等特点。

能力目标：

熟练运用造型基础，结合汉、唐、宋、明四个朝代的造型特征，塑造符合朝代特征的古风人物造型。

素养目标：

提高自主学习能力、观察分析能力和实践操作能力；培养精益求精的工匠精神，提升对中国传统造型文化的审美认知，增强对中国古代妆造技艺传承的保护意识和自信。

任务一　汉代人物造型设计

任务目标

1. 了解汉代时期造型的特点

2. 掌握汉代造型的技法

3. 能够根据顾客特点进行汉代造型设计

情境描述：

近年来，汉服已经成为现代时尚潮流。朱朱在网上买了一套秦汉风格的汉服，她穿着这套心仪的汉服来到了古代造型体验馆，希望造型师能为她打造一款具有汉代时期风格的造型。

相关知识

一、汉代时期历史背景

汉代是封建社会的形成和发展阶段。此时专制主义中央集权制度被确立和巩固，并在秦朝制度的基础上继续发展创新。由于封建经济得到初步发展，农业生产力不断进步，田庄经济开始兴起，人们追求更高的生活水平，于是手工业开始发达，领先世界，商品经济不断壮大发展，陆上和海上丝绸之路开通并逐渐繁荣。贸易发展，引入了"燕支"，因此带来了红妆，由此开始从素妆向彩妆时代发展。

整体而言，汉代时期的经济文化都在蓬勃发展，国富民强，因此在服饰装扮方面相对丰富，给汉代的人物造型历史添加了浓墨重彩的一笔，在我国古代妆造史上起到举足轻重的作用。

二、汉代女性造型分析

（一）汉代女性妆容分析

汉代面妆丰富多彩，妆型发展已逐渐完善。纵观整个汉代女性妆容，主要是肤以白为美，面颊以红为美，眉以黑为美，唇以小为美的主流审美观念。

1.底妆

汉代以白妆和红妆占据主导地位。汉代女性推崇白皙肌肤，《妆台记》中记载："美人妆面，既敷粉，复以燕支晕掌中，施之两颊，浓者为酒晕妆，浅者为桃花妆。"秦汉时期的素妆即白妆。肤白，在古代是一种身份的象征，主要使用白色米粉敷面，显得皮肤洁白无瑕。"薄薄施朱，以粉罩之，为之飞霞妆。"汉代女子也喜欢面色若桃花的红，相较于白妆，红妆最大的不同在于色彩对比更加强烈，使妆容更加生动，即在白妆的基础上，在脸颊和两腮处涂抹胭脂、红粉，使脸部凸显出仿佛饮酒后的红晕，达到风情万种的效果。但由于材料是朱砂，附着性弱，易脱妆，因此使用者少。但在汉代以及后来的历史时期，红妆一直深受女性青睐。

图5-1-1　长沙马王堆出土的女俑长眉（图片来源：湖南省博物馆）

2.眉妆

我国古代女子妆容不重视眼妆而更重视眉妆。汉代涌现出一批精于修眉和迷恋修眉艺术的帝王和文人，较流行长眉（图5-1-1）、八字眉、蛾眉、山形眉（图5-1-2）、阔眉、惊翠眉、愁眉等。眉妆的刻画可分为两大部分，即修眉和描眉。修眉可分为两种方式，一种是矫正眉形，剔除杂乱的眉毛，例如长眉或蛾眉。另一种则是直接剔除所有眉毛，重新勾勒新的理想眉型。

3.唇妆

汉代女性所崇尚的唇妆形制注重小巧玲珑，色彩以浓艳为主。总体而言，唇妆以红和小为美，但具体的唇形样式不定，最流行的是上小下宽、圆润如樱桃的唇

图5-1-2　陕西西安曲江翠竹园西汉墓壁画中的女子山形眉

形，俗称"樱桃小口"，如图5-1-3、图5-1-4所示。唇妆描画步骤分为两步，先在敷妆粉时连同唇一起涂抹成亮肤色，后以唇脂重新勾画唇型，画法与现在化妆程序相似。

4.面饰

面饰是指面部的装饰物，主要分四种，分别是额黄、花钿、面靥和斜红。秦代开始，面饰已经是女性面容装饰的常见手法。《中华古今注》中述："秦始皇好神仙，常令宫人梳仙髻，贴五色花子，画为云凤虎飞升。"可见秦汉时期贴花钿已开始趋于成俗了。花钿是中国古代女性在面部贴加装饰的化妆方法，一般指眉间额上的妆饰或面部妆饰，可制作成三叶形、圆形、桃形、梅花形等多种形状，色彩以红、绿、黄为主。汉代时期的面靥主要指汉族妇女点染于面部酒窝处的红色圆点妆饰，主要是黄豆大小的红色圆点。由于中国人喜爱红色，把红色作为最华丽吉祥的颜色，因此面靥的颜色以红色为主。额黄起源于汉代，汉代女子将自己的额头抹成黄色，久而久之便形成了染额黄的习俗。

（二）汉代女性发式分析

汉代女性发式发展较为成熟，发髻形式繁多，并且在不断地演变，如惊鹄髻、三环髻、瑶台髻、飞仙髻、迎春髻、垂云髻、欣愁髻、九环髻、堕马髻、四起大髻等。总体而言，主要分为两种类型，一类是梳于颅后的垂髻，另一类是盘于颅顶的高髻。其中汉代最为流行的垂髻是椎髻和堕马髻，搭配特色头饰（图5-1-5）。堕马髻发式的形制有如骑马坠落之态，较显妩媚妖娆，椎髻主要流行于汉代普通居家妇女，也是秦汉时代女性的主要发型。汉代女性除了流行垂髻外，还流行高髻（图5-1-6），但多为宫廷嫔妃、官宦小姐所梳，且在参加祭祀或出入庙宇等相对正规的场合，定要梳高髻。

图5-1-3　马王堆一号汉墓出土彩绘木俑"樱桃小口"

图5-1-4　汉阳陵出土女俑

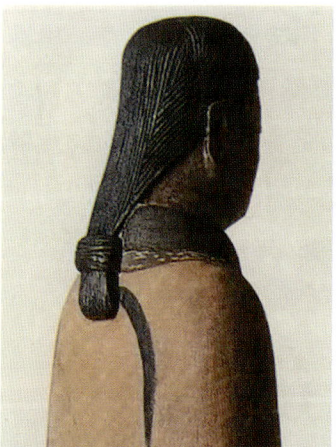

图5-1-5　汉代女子堕马髻发式（西安任家坡出土陶俑）

（三）汉代女性服饰分析

汉代的国力增强和经济逐渐繁荣，使汉代服饰的整体风格威仪壮丽，充实丰盈，但不失自由舒展的内在神韵，服饰整体特点为交领、右衽、束腰，用绳带系结，袖口宽大（图5-1-7）。汉代妇女日常生活穿着为襦裙，襦是一种短衣，长度至腰间，有里，有交领和直领，襦配长裙，裙长垂地，裙的款型为上窄下

图5-1-6　戴巾帼女俑（广州市郊东汉墓出土）

图5-1-7　汉景帝阳陵出土女俑服饰

宽，不施边缘，裙腰有绢条，两端缝有系带。汉代的典型服饰为曲裾深衣（图5-1-8），它的裙摆曲线呈现短而宽的特征，下摆为对称形态，弯曲度适中。深衣则是衣长较长，超过腰际，下延过膝盖直至小腿中下部，装饰纹样有云纹、龙纹、凤纹、花纹等具有强烈中国传统文化气息纹样。同时还注重色彩搭配，常以深蓝色、红色、绿色、黄色等为主色。曲裾深衣的领口一般采用圆领或斜领，领口不高，深衣的袖口呈广袖状，袖口收紧。

汉代等级阶层和社会地位不同，服饰也有所区别。宫廷服饰华丽庄重、民间服饰简单朴素、官员服饰规范庄重、商人服饰豪奢富丽。汉代整体服饰形态将端庄、沉稳、质朴、浓厚展现得淋漓尽致，也充分体现了汉代女性的婀娜优雅，展示了汉代人们对美的追求和对身份的重视。

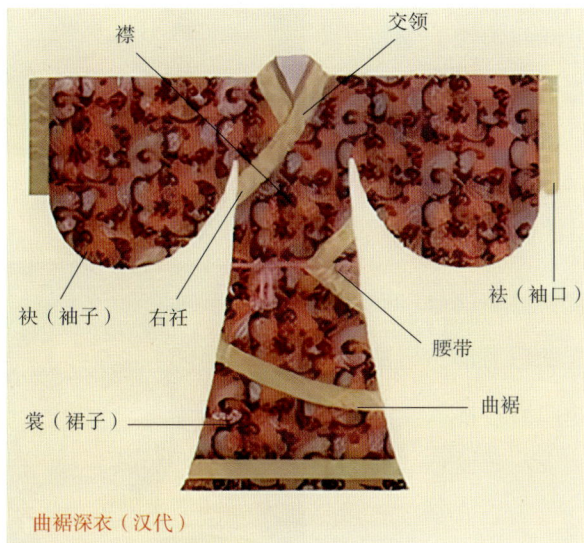

图5-1-8　汉代曲裾深衣

任务实施

一、模特面部分析

模特面部特征及矫正重点见表5-1-1。

表5-1-1　模特面部特征及矫正重点

模特照片	模特面部特征	矫正重点
	脸型：脸型较好，偏鹅蛋脸，额头较窄，太阳穴稍凹陷	脸型：暗影修饰发际线边缘，提亮太阳穴
	五官比例：上庭较长，眼睛位置较标准	五官比例：正常修饰，不做特别调整
	皮肤：皮肤瑕疵较多，有痘印，肤色偏暗黄，肤色不匀称	皮肤：遮瑕膏遮盖脸部瑕疵处和暗沉区域
	眼睛：两眼双眼皮较标准对称	眼睛：常规修饰，不做特别调整
	眉毛：两眉弧度不一，高低有些许不对称	眉毛：修眉，将两眉尽量调整对称
	鼻子：鼻梁偏低，鼻头稍圆	鼻子：在鼻梁两侧晕染阴影色，稍许修饰鼻翼两侧
	唇：上唇偏薄，下唇标准，唇色偏浅	唇：用粉底遮盖原本唇型，根据理想唇型重新描绘

二、实践操作

（一）粉底

使用遮瑕膏遮盖模特面部的瑕疵处和痘印，改善面部暗沉区域，减淡眉色。选用偏白皙的具有遮盖力的粉底均匀地涂抹面部，如图5-1-9所示。使用提亮色提亮太阳穴区域，阴影色修饰额头发际线边缘，缩短上庭区域。选用与粉底色相同或透明的散粉，用定妆粉扑进行定妆，使底妆服帖牢固。

（二）眉毛

在涂抹粉底之前使用修眉刀修眉，将两眉尽量调修对称。观察眉部，用黑色眉笔轻描细弯眉形，再加深并精致描画眉妆，注意线条流畅和两眉对称度，如图5-1-10所示。

图5-1-9　涂抹粉底

图5-1-10　画眉毛

（三）眼部

1.眼影

选择橘红色眼影在上下眼睑进行上浅下深晕染，使其自然过渡，上眼影和下眼影相互呼应，如图5-1-11所示。

图5-1-11　画眼影

图5-1-12　处理睫毛

2.眼线

选用黑色水溶性眼线笔沿内眼线描画细长眼线，尾部略微平行拉长，线条流畅。

扫二维码观看教学视频

10.汉代时期造型设计

图5-1-13　画腮红

3.睫毛

使用睫毛夹对睫毛进行卷曲处理，涂上纤细型睫毛膏，增添眼部神采（图5-1-12）。

（四）腮红

选用橘红色腮红在眼下至颧骨及眼后部位轻扫晕染，在颧骨处加深晕染，腮红外缘逐渐变浅，与肤色自然过渡（图5-1-13）。

图5-1-14　设计唇部造型

（五）唇部

在化妆之前进行润唇，使用粉底将模特原本唇型遮盖。

选用大红色亚光唇膏描绘"樱桃形"唇型外轮廓，再将全唇涂满，注意唇型外轮廓清晰，线条流畅，左右对称，如图5-1-14所示。

三、任务评价

完整妆造如图5-1-15所示，根据评价表（表5-1-2）对汉代女性造型效果进行评价。

图5-1-15　完整妆造

表5-1-2 任务评价表

任务	评价内容	评分标准	分值	自评	互评	师评	备注
汉代女性造型	妆面技术（50分）	底妆：粉底厚薄均匀，遮盖瑕疵，底妆服帖牢固	15分				
		眉毛：两眉对称，眉妆符合汉代眉形特点	15分				
		眼妆：眼线描画流畅，眼影晕染均匀干净自然，两眼妆容对称	10分				
		唇妆：唇型符合汉代唇妆特点，唇色亚光，唇外轮廓线条清晰明确，唇型对称精致	10分				
	发型设计（20分）	真假发衔接自然，发片弧度流畅，发丝整齐，发型设计符合汉代特征，发饰佩戴和谐，风格统一	20分				
	整体造型（20分）	服饰、发饰的选择和妆面的设计符合汉代特征，色彩搭配和谐，形制统一，整体协调自然	20分				
	规范性（10分）	准备工作、技术动作规范，服务态度良好，能在规定时间内完成	10分				
总分100分							

注 备注栏可记录扣分原因。

课堂笔记

学生练习

两两搭档，按照汉代女性造型特点和要求，在规定时间内完成汉代风格整体人物造型设计（模特妆面设计方案、妆面效果图、整体造型设计）并实施。

1. 完成模特妆面设计方案（表5-1-3）

表5-1-3　妆面设计方案

模特照片	模特面部特征	矫正重点
	脸型：	脸型：
	五官比例：	五官比例：
	皮肤：	皮肤：
	眼睛：	眼睛：
	眉毛：	眉毛：
	鼻子：	鼻子：
	唇：	唇：

2. 将汉代女性造型设计完成后的照片贴在下方

3.绘制妆面效果图

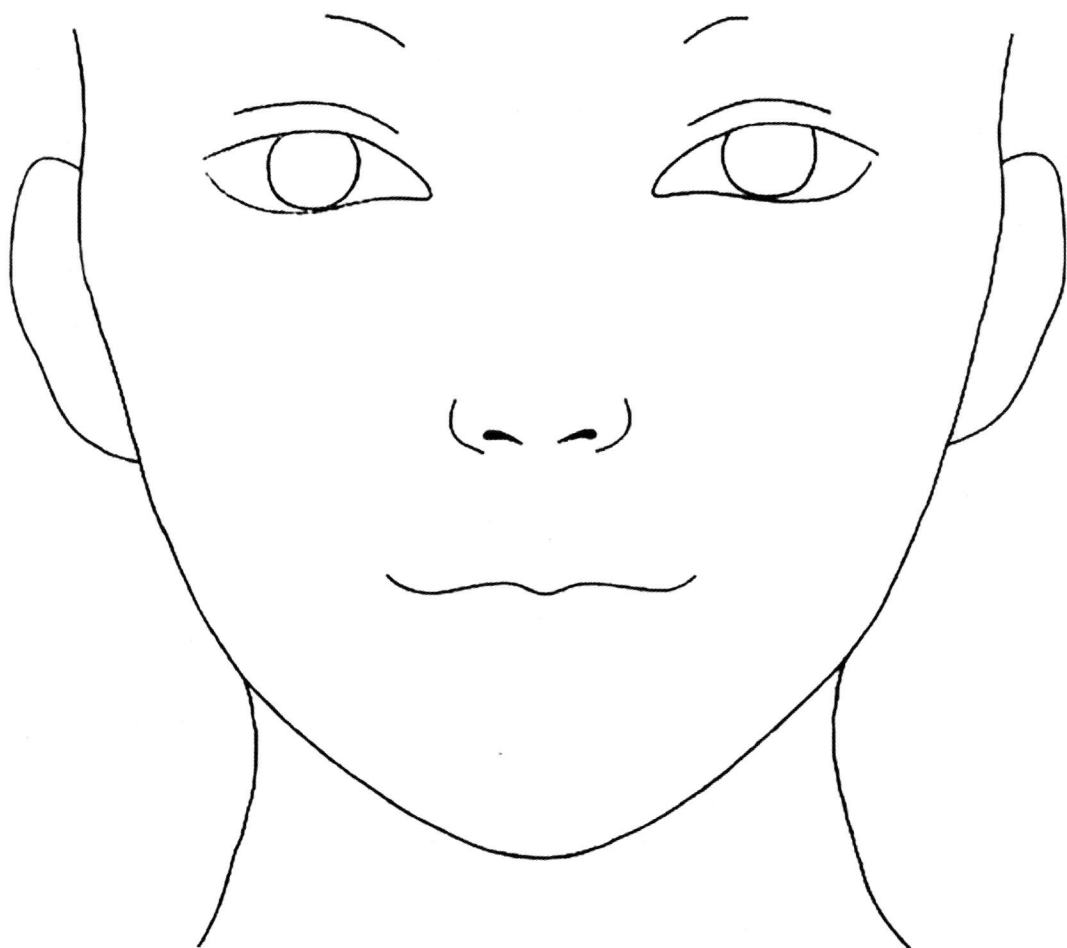

任务二　唐代人物造型设计

任务目标

1.了解唐代造型的特点

2.掌握唐代造型的技法

3.能够根据顾客特点进行唐代造型设计

情境描述：

　　肥肥的好朋友们都说肥肥如果穿越回唐朝一定是个公认的大美人，这激起了肥肥极强的尝试兴趣。她来到了造型体验馆，希望有经验、有技术的造型师能为她打造一款具有标准唐代风格的美人造型。

相关知识

一、唐代历史背景

　　唐代是中国封建文明的鼎盛时期，这一时期国力强盛，疆域辽阔、政治稳定清明、经济发达、国家富强，社会风气开放，唐王朝对各国以"开放包容、多元化"的外交原则，对外的频繁交流使国际关系发展达到顶点。在这样思想自由的社会环境中，唐朝女性获得了从未有过的个性解放和人身自由，也让文化艺术空前繁荣昌盛。首都长安成为亚洲经济文化中心，各国使者同胞互通有无，促使妆饰文化艺术达到历史上前所未有的发展，成就了我国古代人物造型史上雍容华贵富丽形象的巅峰。

　　唐代女性社会地位提高，城内妇女装扮讲究时髦、华丽，展现出了充满大胆与热情的造型风格，女性艺术形象上的丰硕之态所体现的贵族气质应运而生。总体而言，唐代女性的人物造型是一种丰满、开放、华贵的健康美。

二、唐代女性造型分析

（一）唐代女性妆容分析

1.面妆

唐代是一个崇尚华贵富丽的朝代，浓艳夸张的"红妆"是当时最流行的面妆，无论皇亲国戚还是平民妇女，不分贵贱，均爱"红妆"。一些贵妇将上眼睑乃至半个耳朵，甚至全面颊都敷以胭脂，大胆豪放自由地偏爱红色，浓艳的红妆是当时面妆的主流。由于涂抹胭脂的方法各异，呈现的妆效也各不相同。唐代宇文氏《妆台记》中有记载："美人妆，面即傅粉，复以胭脂调匀掌中，施之两颊，浓者为'酒晕妆'；淡者为'桃花妆'；薄薄敷之，为'飞霞妆'。"主要有以下几种。

（1）酒晕妆：又称"醉妆"。此妆全脸敷以白粉，在两颊上涂抹浓艳的胭脂，且涂抹的脸部面积较大，边缘晕淡，只留额头、鼻梁下颌为白色，亦如醉酒后出现的脸颊红晕（图5-2-1），比酒晕妆稍淡的为"桃花妆"（图5-2-2）。

（2）飞霞妆：相较于"桃花妆"，飞霞妆更加自然淡雅，施妆方法为先施以浅朱，再以白粉覆盖，制作白里透红的妆效。由于色彩淡雅自然，故少妇中较为流行。

唐代是一个追求时髦新潮的朝代，面妆上除了不分贵贱均爱的红妆外，还流行胡妆中的时世妆，除此之外还沿用或自创了许多另类的妆面，如檀晕妆、啼妆、泪妆、血晕妆、北苑妆、白妆等。

2.眉妆

唐代是女性眉妆发展的高峰，是中国历史上最丰富也最具代表性的阶段，由于唐代帝王和士大夫的推崇，眉妆是唐代女子胜于眼妆的面容修饰重点，如蛾眉、柳叶眉、月棱眉、倒晕眉、小山眉、却月眉、连眉、涵烟眉、连娟眉、拂云眉、垂珠眉、鸳鸯眉、分梢眉、桂叶眉等，使唐朝成为中国历史上眉形造型

图5-2-1　西安博物馆唐双丫髻彩绘女立俑酒晕妆

图5-2-2　新疆阿斯塔纳张雄夫妇墓出土彩绘泥头木身俑桃花妆

最丰富的辉煌时代（图5-2-3）。各种长眉、短眉、阔眉交替流行，成为唐朝女子普遍喜爱的眉式，并且多次反复流行。

（1）柳叶眉：又称"柳眉"，形似柳叶，眉头尖细，眉腰宽厚，两头尖细，形状弯曲似一轮新月。

（2）桂叶眉：晚唐流行眉形，眉短而上翘，头浑圆，身短粗，用色浓黑（图5-2-4）。

（3）拂云眉：开元末至天宝初年间流行眉形，如平云拂过，较为粗犷宽阔（图5-2-5）。

（4）涵烟眉：武则天时代后期流行的眉形，眉头收尖，眉尾宽阔分梢，用色浓黑（图5-2-6）。值得一提的是，唐代女子大多勾画上眼线，有些甚至将眼线延长至鬓发处，以达到眼睛细又长的眼妆效果。

3.唇妆

唐代女子唇妆的形状和色彩均多姿多彩。唐代各时期女性流行唇式有所区别，初唐唇式以纤小秀美为主，后逐渐向丰满圆润方向发展，至盛唐时期达到顶峰，中唐时期流行上小下宽的"樱桃式"唇型和乌膏注唇等奇特唇色，晚唐时期唇式出现晕染效果，由唇心向外晕染的形制，但总体而言唇妆以浓艳娇小却丰满圆润的"蝴蝶唇"为主（图5-2-7）。

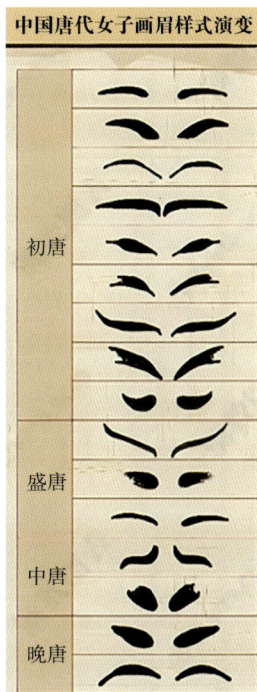

图5-2-3　唐代女子眉样

图5-2-4　唐代周昉《簪花仕女图》中的仕女"桂叶眉"

图5-2-5　新疆阿斯塔纳出土唐代绢画《树下美人》中的女子"拂云眉"（新疆维吾尔自治区博物馆藏）

图5-2-6　新疆吐鲁番阿斯塔纳唐墓出土绢画中的女子"涵烟眉"

4.面饰

唐代是中国面饰史上最为繁盛且最具特色的时期，造型各异，色彩浓艳，且多为几种面饰同时佩画。

花钿是眉间的一种装饰，不同时期流行的花钿式样不同（图5-2-8），有简易、夸张、繁复、纤巧等风格，色彩丰富极具寓意。斜红是我国古代特殊的面部装饰，即女子于太阳穴处或颧骨侧边各描一道弯曲的红线，深受唐代女性喜爱，成为女子日常妆容里不可或缺的化妆步骤，是唐代女性妆容的流行风尚，但每个时期流行的斜红式样各不相同（图5-2-9）。唐代妇女的额黄妆也有所发展，主要有两种方法，一种是染画法，另一种是粘贴法。其中染画法大致有三种画法：第一种是平涂法，即用黄色涂满整个额头；第二种为半涂法，在额头上边部位或下边部位呈晕染式地涂抹额头一半的面积；第三种在额头部位使用黄粉描画形如花蕊的纹样。面靥是一种在女子嘴角两侧的面颊上使用颜料或粘贴花片形成的假靥，制作方法主要分绘制和粘贴两种，纹样有圆点、鸟、兽、花卉，材料丰富式样繁多。

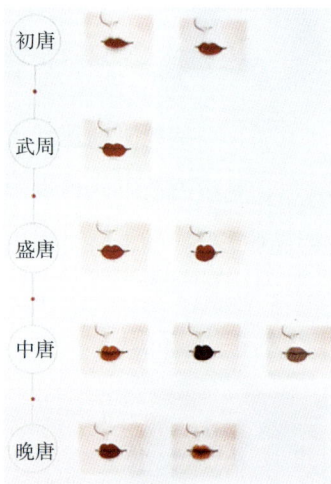

图5-2-7　蝴蝶唇❶

图5-2-8　花钿❷

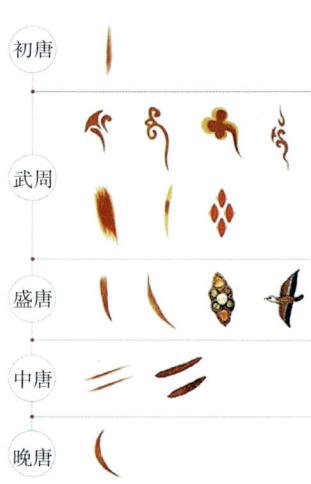

图5-2-9　唐代斜红流行式样❸

唐代女性妆容步骤为：傅粉—匀红—画眉—注唇—贴花钿—绘斜红—施面靥，如图5-2-10所示。

❶ 左丘萌：《中国妆束：大唐女儿行》，清华大学出版社，2020，第241页。

❷ 左丘萌：《中国妆束：大唐女儿行》，清华大学出版社，2020，第244页。

❸ 左丘萌：《中国妆束：大唐女儿行》，清华大学出版社，2020，第246页。

傅粉　　　　　匀红　　　　　画眉

注唇　　　　　贴花钿　　　　　绘斜红　　　　　施面靥

图5-2-10　唐代女性妆容步骤（图片来源：左丘萌：《中国妆束：大唐女儿行》）

（二）唐代女性发式分析

　　唐代女子受到多元开放的社会风气的影响，在发型和发饰上也呈现出多样性（图5-2-11）。总体而言，唐代女性崇尚高大发型（图5-2-12），或佩戴各种假髻，唐代各时期流行的发型与发饰各不相同，初唐时发髻样式简约，以清爽秀丽为主；在高髻的做法上以丝绦或绵将头发全束于头顶，紧紧缠绕，分两层、三层、四层堆上盘卷。后发髻逐渐高耸，盛唐时期是高髻盛行的顶峰，所以女子发式中假髻非常盛行，有鬓发抱面、宝髻和插梳装饰三种类型，但整体发型均宽松阔大，珠翠满头，造型气派，形态丰富。唐代中晚期发式更加富丽堂皇，崇尚病态美，形态大且垂于头部。晚唐时期，发髻逐渐增高，配大花朵等。

（三）唐代女性服饰分析

　　唐代女性的着装是中国封建社会中最为大胆的，整

图5-2-11　陕西唐三彩艺术博物馆大唐仕女俑发型发饰

图5-2-12　唐代周昉《簪花仕女图》中的仕女高大假发

体风格雍容华贵，表现出袒露宽阔的特点。唐代女子的服装主要分为襦裙、披帛、回鹘、男装等，其中袒胸衫襦为唐代最流行的女装款式，材质多以丝绸、麻绸为主，注重勾勒人体线条，凸显女性的曲线美。服饰色彩鲜艳繁华丰富浓郁，纹样有较强的装饰性。但唐代各时期女子流行服饰有所不同（图5-2-13、图5-2-14），初唐时期女子以淡雅风格为主，窄袖衫襦、间色长裙、披帛为主流；盛唐时期由于思想开放，女性地位提升，女性服饰以华丽、雍容华贵风格为主，喜爱袒胸窄袖形制的衫，盛行露透之风，服饰更加精致，较女性化且注重服饰细节。中唐时期女性服饰以宽松的长袍外罩为主，色彩以素淡居多。晚唐时期整体衫廓型宽绰，大袖宽衣，下裳以裙装为主，服饰风格雍容华贵，流行佩戴首饰。

图5-2-13　初唐、武周时期女性服饰（图片来源：左丘萌：《中国妆束：大唐女儿行》）

图5-2-14　盛唐、中唐、晚唐、南唐时期女性服饰（图片来源：左丘萌：《中国妆束：大唐女儿行》）

任务实施

一、模特面部分析

模特面部特征及矫正重点见表5-2-1。

表5-2-1 模特面部特征及矫正重点

模特照片	模特面部特征	矫正重点
	脸型：脸型较好，偏鹅蛋脸，两脸颊稍许不对称，左脸偏大	脸型：右脸颊提亮，两脸颊调至对称
	五官比例：三庭五眼较标准	五官比例：正常修饰，不做特别调整
	皮肤：皮肤瑕疵不多，肤色白皙，眉间和额头有少许痘印	皮肤：遮瑕膏遮盖痘印
	眼睛：两眼较对称，内双	眼睛：正常修饰，不做特别调整
	眉毛：两眉弧度稍许不对称	眉毛：修眉，将两眉调整对称
	鼻子：鼻根稍许偏低，鼻头稍圆	鼻子：使用阴影色，稍许修饰鼻翼两侧
	唇：唇型标准圆润	唇：正常修饰，不做特别调整

二、实践操作

（一）粉底

使用遮瑕膏遮盖面部痘印等瑕疵处。选用偏白皙的具有较强遮盖力的粉底均匀地涂抹面部，使用提亮色提亮右脸颊，如图5-2-15所示。

选用与粉底色相同或透明的散粉进行定妆，使底妆服帖牢固。

（二）腮红

选用橘色腮红在两颊至眼后大面积扑扫腮红底色，注意腮红边缘与粉底衔接过渡自然。选用红色腮红在两颊至眼后位置打圈晕染，腮红外缘逐渐变浅，整体面积偏大，色调偏红，如图5-2-16所示。

（三）眉毛

使用修眉刀将两眉调整对称，使用眉毛遮瑕膏遮盖模特自身眉毛。

用黑色眉笔描画唐代风格风梢眉，线条流畅，注意两眉对称，如图5-2-17所示。

图5-2-15 涂抹粉底

图5-2-16 画腮红

（四）眼部

1.眼影

选用与腮红色一样的色系在上下眼睑进行上浅下深晕染，使其与腮红统一协调呼应。

2.眼线

选用黑色眼线笔沿内眼线描画眼线，眼尾平行拉长，最长可至耳根部位，使眼形细长妩媚，增添眼睛神采，如图5-2-18所示。

3.睫毛

使用睫毛夹对睫毛进行卷曲处理，刷涂纤细型睫毛膏。

（五）唇部

选用红色亚光唇膏描绘饱满的蝴蝶唇，外轮廓线清晰，左右对称，用色均匀，如图5-2-19所示。

（六）面饰

设计或参考唐代花钿图形确定花钿形状，使用浅咖色眉笔勾画花钿的外形，使花钿的位置处于额部眉间的居中位置，确定图案的对称性，用细毛刷蘸取红色油彩或正红色唇膏勾画完整花钿，如图5-2-20所示。

使用勾线笔蘸取红色油彩或唇膏在两颊眼后位置勾画斜红，线条流畅，位置及弧度对称，如图5-2-21所示。

使用勾线笔或棉签蘸取红色油彩或唇膏，在两嘴角往外位置点涂红色圆点面靥，注意面靥的大小及位置对称，如图5-2-22所示。

妆容整体调整至精致完善后，根据盛唐时期女性妆容特点制作与朝代特征相符合的发型并佩戴相配发饰，如图5-2-23所示。

图5-2-17 画眉毛

图5-2-18 画眼线

图5-2-19 设计唇部造型

图5-2-20 勾画花钿

图5-2-21　勾画斜红

图5-2-22　点涂面靥

图5-2-23　佩戴发饰

三、任务评价

完整妆造如图5-2-24、图5-2-25所示，根据评价表（表5-2-2）对唐代女性造型效果进行评价。

图5-2-24　完整妆造（1）

图5-2-25　完整妆造（2）

扫二维码观看教学视频

11.唐代时期造型设计

表5-2-2　任务评价表

任务	评价内容	评分标准	分值	自评	互评	师评	备注
唐代女性造型	妆面技术（50分）	底妆：粉底厚薄均匀，遮盖瑕疵，底妆服帖牢固	10分				
		眉毛：两眉对称，眉形符合唐代眉妆特点	10分				
		眼妆：眼线描画流畅，眼影晕染均匀，眼影与腮红衔接自然	10分				
		唇妆：唇型符合唐代唇妆特点，唇色亚光，唇型对称、外轮廓线清晰明确	10分				
		面饰：花钿、斜红、面靥设计符合唐代风格，描画对称、线条流畅	10分				
	发型设计（20分）	真假发衔接自然，发片弧度流畅，发丝整齐，发型设计符合唐代特征，发饰佩戴和谐，风格统一	20分				
	整体造型（20分）	服饰、发饰的选择和妆面的设计符合唐代特征，色彩搭配和谐，风格统一，整体协调自然	20分				
	规范性（10分）	准备工作、技术动作规范，服务态度良好，能在规定时间内完成	10分				
总分100分							

注　备注栏可记录扣分原因。

课堂笔记

_____

_____

_____

_____

_____

_____

学生练习

　　两两搭档，按照唐代女性造型特点和要求，在规定时间内完成唐代女性的整体人物造型设计（模特妆面设计方案、妆面效果图、整体造型设计）并实施。

1.完成模特妆面设计方案（表5-2-3）

表5-2-3　妆面设计方案

模特照片	模特面部特征	矫正重点
	脸型：	脸型：
	五官比例：	五官比例：
	皮肤：	皮肤：
	眼睛：	眼睛：
	眉毛：	眉毛：
	鼻子：	鼻子：
	唇：	唇：

2.将唐代女性造型设计完成后的照片贴在下方

3.绘制妆面效果图

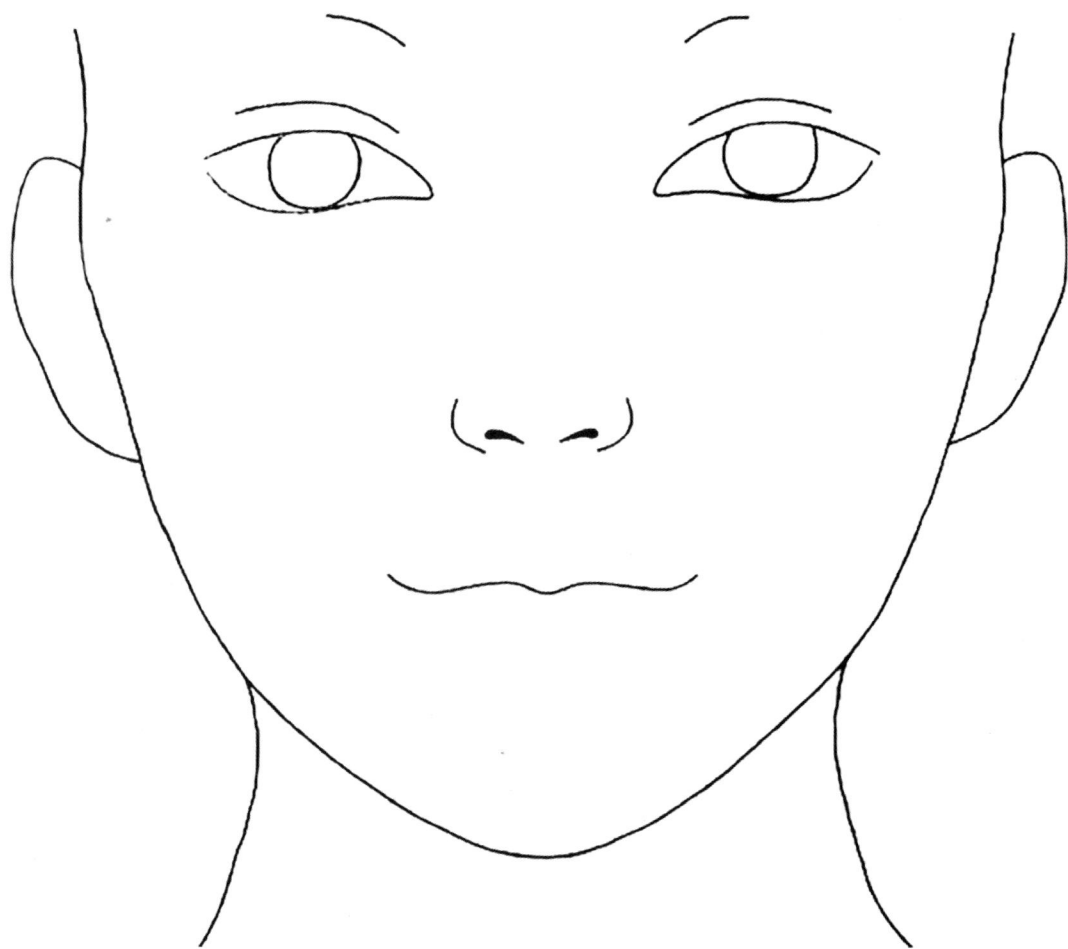

任务三　宋代人物造型设计

任务目标

1. 了解宋代造型的特点

2. 掌握宋代造型的技法

3. 能够根据顾客特点进行宋代造型设计

情境描述：

芊芊最近看了一本关于宋朝的小说，对宋代的女子造型有了浓厚的兴趣，随即网购了一套标准的宋制汉服，希望造型师为她打造一款符合标准宋代女子形象的造型。

相关知识

一、宋代历史背景

宋代不及汉、唐的强盛国势，是一个外患纷扰、战乱频繁、社会动荡的多难朝代。对比唐朝文化的开放自由，宋代的文化则是拘谨保守、相对内敛的。但在经济方面，农商业、手工业、文学艺术等发展水平却超过唐代，使其成为自秦汉以来中国经济发展的另一高峰。因此，宋代在精神和物质文明领域都达到中国封建社会空前的高度。宋代在政治上虽然开放民主，但由于"程朱理学"的思想禁锢，以及强调"存天理、灭人欲"的观念和外界政策的妥协退让，对妇女也极度约束，主要表现在宋代人物造型整体朴素、缠足流行、女性穿耳等三方面。

审美方式的变化，使女子造型相对拘谨保守，女性开始崇尚质朴之美、纤瘦的体态，妆容淡雅，整体造型趋于自然清雅朴实，造型用色淡雅恬静，服饰设计上有意增强遮掩功能。

二、宋代女性造型分析

（一）宋代女性妆容分析

1.面妆

宋代女性由于受到"程朱理学"思想影响较深，因此面妆与唐代华丽富贵的红妆或唐代另类的时世妆有较大差别，取而代之的是以浅淡、素雅风格的薄妆（图5-3-1）为主。脂粉的使用上以"薄施胭脂轻傅粉"的"淡"为主，再施以浅朱透微红的底妆妆效，如"飞霞妆""檀晕妆""慵来妆"等。宋代较出名的还有"三白妆"，即将额头、下巴、鼻梁三个区域着重涂白，原理类似现代妆容的高光，通过局部的提亮使鼻梁挺拔，额头饱满，下巴修长，使脸部看起来更加纤瘦立体，这种妆容与宋代以瘦为美的审美观相契合。

图5-3-1 山西太原晋祠宋代仕女彩塑妆容

2.眉妆

宋代女子的眉妆大体沿承唐五代特征，画眉方法承袭前朝，但用料却比前朝更丰富大胆，先除去原来的眉毛，再以墨画上理想的眉形。宋代眉形日渐趋于细长弯曲，眉峰处略低，眉尾则向外挑起形态的蛾眉。宋代女子还喜欢描画由浅入深逐渐向外晕染的倒晕眉、远山眉、八字眉（图5-3-2）、鸳鸯眉（图5-3-3）、浅文殊眉等。眉妆整体以浅淡清秀、端庄典雅为美。

图5-3-2 山西太原晋祠圣母殿彩塑宫女"八字眉"

3.唇妆

宋代女性的唇妆以清新高雅为主，体现了宋代女子的文静与秀丽，宋代最流行的唇妆有两种，一种是上唇峰和下唇形成小波动的小巧椭圆形唇妆，另一种则是上小下宽，娇小且强调下唇的"樱桃"小口。唇型以小巧为美，唇妆色彩仍以红色为主。

4.面饰

宋代女子妆容在面饰方面与唐代相较也更显秀气、素洁、典雅，

图5-3-3 宋代李公麟《梳妆图》女子"鸳鸯眉"

但妆饰风格具有雅致且奢华的双重特性。宋代女子妆容继续流行花钿、斜红、额黄、妆靥等面饰，其中花钿图案以花形为主，比如梅花钿，后演变为梅妆（图5-3-4）。面靥多采用珠翠珍宝贴面，贴面位置从眉间演变为全脸、两腮或耳旁，甚至发髻上，从宋代历朝皇后像（图5-3-5）可见这一倾向。斜红与唐代相较具有明显的传承性，但斜红不再使用颜料勾勒，而是用玉石结合的新月形装饰手法。宋

图5-3-4 《梅花仕女图》女子"梅妆"（台北故宫博物院藏）

图5-3-5 《宋钦宗皇后像》面靥 （台北故宫博物院藏）

代女子在妆容风格上虽崇尚淡雅，但一些贵族女子会在饰品和化妆用品上下功夫，如美玉、珍珠、翠石、象牙等珍贵之物都用来作面饰材料。宋代女子的面靥丰富多样，有月形、钱样等形状。从北宋开始，耳饰也是女子造型中的必备品，可见宋代女子在面饰上也是求新求变，追求低调的新颖、雅致、奢靡。

（二）宋代女性发型分析

宋代女性发型发饰承前朝之风，但也颇具风格，大致可分为高髻和低髻两类。宋代典型的高发髻"朝天髻"，以高大为美，所以需要假发辅助，因此出现了专卖假发的商铺。宋代较流行的发型还有"同心髻"，将头发向上梳至头顶部位，挽成一个圆形发髻，多为未婚女子所梳，中年以上妇女使用以盘辫梳成的盘髻，宫廷和官宦家庭女子以梳仙人髻居多。发髻上的装饰，基本也沿袭唐代，女子发饰上插梳数量较唐代有所减少，但插梳的体积增大。除此之外，宋代还流行发髻上簪有各类珠翠的珠髻。

（三）宋代女性服饰分析

宋代服饰文化不似唐朝的艳丽奢华，而是朴实、清雅、自然的风格。宋代女子服饰的最大特点是崇尚瘦且长的造型，服饰以袍、背心、裤、裙、衣为主，其中长背子（图5-3-6）、窄袖合领、半臂等款式最为盛行，服饰色彩多选用能表现含蓄

图5-3-6 南宋刘宗古《瑶台步月图》女子"长背子"（图片来源：《中国历代仕女画谱》）

柔和的浅绿、淡青、粉红、鹅黄、素白等间色（图5-3-7）。长背子是宋代服饰最大的特色，背子是无袖的长上衣，长度与裙子同长，下装一般以裙子为主或配长裤。宋代的纺织业较发达，纺织品的质地多轻薄飘逸，服饰纹样的工艺多采用泥金、印金、刺绣、彩绘等技法。

图5-3-7 山西太原晋祠女官塑像服饰款式、色彩

任务实施

一、模特面部分析

模特面部特征及矫正重点见表5-3-1。

表5-3-1 模特面部特征及矫正重点

模特照片	模特面部特征	矫正重点
	脸型：脸型较长，左右脸较不对称，左脸偏大	脸型：提亮右脸颊，左脸使用侧影修饰
	五官比例：中庭偏长，下庭偏短	五官比例：压低眉型，修饰鼻尖，提亮下巴
	皮肤：皮肤瑕疵较多，肤色不匀称	皮肤：遮瑕膏遮盖痘印和暗沉部位
	眼睛：双眼皮较宽，两眼型不对称，眼睑下垂，眼睛形状缺乏精气神	眼睛：使用较窄美目贴调整眼尾，勾画眼线
	眉毛：眉型不对称，眉色淡，眉肌无力，会随眨眼而使眉形变化	眉毛：修眉，将两眉尽量调整对称
	鼻子：鼻型较标准，鼻根稍许偏低	鼻子：使用阴影色，稍许修饰鼻根两侧眼窝处
	唇：唇型不对称	唇：涂抹粉底遮盖原唇型，重新勾画理想唇型

二、实践操作

（一）粉底

使用遮瑕膏遮盖面部瑕疵处和暗沉区域，选用偏白皙的粉底均匀地涂抹面部，如图5-3-8所示。

使用提亮色提亮右脸颊和下巴区域，使用阴影色修容左脸、鼻根两侧与鼻尖部位。选用与粉底色相同或透明的散粉，用定妆粉扑进行定妆，使底妆服帖牢固。

（二）腮红

选用粉色腮红在两颊处打圈晕染，腮红色较浅淡，腮红外缘与肤色自然协调过渡，如图5-3-9所示。

（三）眉毛

在涂抹粉底之前使用修眉刀修饰眉毛，将两眉尽量调整对称。使用眉毛遮瑕膏遮盖眉毛，为刻画具有宋代眉形特征的眉妆打好基础。

选用黑色眉笔描画细长弯曲且眉峰较低的具有宋代特征的眉型，线条流畅，注意两眉的对称度，如图5-3-10所示。

（四）眼部

1.使用美目贴

使用较细窄的美目贴在涂抹粉底之前将眼尾做上调修饰。

2.眼影

选用与腮红色一样的色系在上下眼睑进行晕染，眼影色略深于浅淡的腮红色，但与腮红协调呼应。

3.眼线

用黑色眼线笔沿内眼线描画较细的眼线，尾部略微平行拉长，线条流畅，如图5-3-11所示。

4.睫毛

使用睫毛夹对睫毛进行卷曲处理，涂上纤细型睫毛膏。

（五）唇部

使用粉底涂抹遮盖模特原本的唇型。使用正红色亚光唇膏描绘椭圆形唇型，注意上唇偏小，下唇偏薄，线条流畅，左右对称，如图5-3-12所示。

图5-3-8　涂抹粉底

图5-3-9　画腮红

图5-3-10　画眉毛

图5-3-11　画眼线

（六）面饰

使用白色水溶性彩绘颜料在眉间偏上位置描绘素雅风格花钿，在花钿中间粘贴白色珍珠。在两腮处以弧形粘贴小号珍珠装饰，如图5-3-13所示。

图5-3-12　设计唇部造型　　图5-3-13　面饰设计

三、任务评价

完整妆造如图5-3-14、图5-3-15所示，根据评价表（表5-3-2）对宋代女子造型效果进行评价。

扫二维码观看教学视频

12.宋代时期造型设计

图5-3-14　完整妆造（1）　　图5-3-15　完整妆造（2）

表5-3-2　任务评价表

任务	评价内容	评分标准	分值	自评	互评	师评	备注
宋代女性造型	妆面技术（50分）	底妆：粉底厚薄均匀，遮盖瑕疵，底妆服帖牢固	10分				
		眉毛：两眉对称，眉妆符合宋代眉型特点	10分				
		眼妆：眼线描画流畅，眼影晕染均匀干净	10分				
		唇妆：唇型符合宋代唇妆特点，唇色亚光，唇型两边对称，唇型外轮廓线清晰明确	10分				
		面饰：花钿、斜红设计符合宋代风格，描画对称，线条流畅	10分				
	发型设计（20分）	真假发衔接自然，发片弧度流畅，发型设计符合宋代特征，发饰佩戴和谐，风格统一	20分				
	整体造型（20分）	服饰、发饰的选择和妆面设计符合宋代特征，色彩搭配和谐，风格统一，整体协调自然	20分				
	规范性（10分）	准备工作、技术动作规范，服务态度良好，能在规定时间内完成	10分				
总分100分							

注　备注栏可记录扣分原因。

课堂笔记

学生练习

两两搭档，按照宋代女性造型特点和要求，在规定时间内完成宋代女性整体人物造型设计（模特妆面设计方案、妆面效果图、整体造型设计）并实施。

1.完成模特妆面设计方案（表5-3-3）

表5-3-3 妆面设计方案

模特照片	模特面部特征	矫正重点
	脸型：	脸型：
	五官比例：	五官比例：
	皮肤：	皮肤：
	眼睛：	眼睛：
	眉毛：	眉毛：
	鼻子：	鼻子：
	唇：	唇：

2.将宋代女性造型设计完成后的照片贴在下方

3.绘制妆面效果图

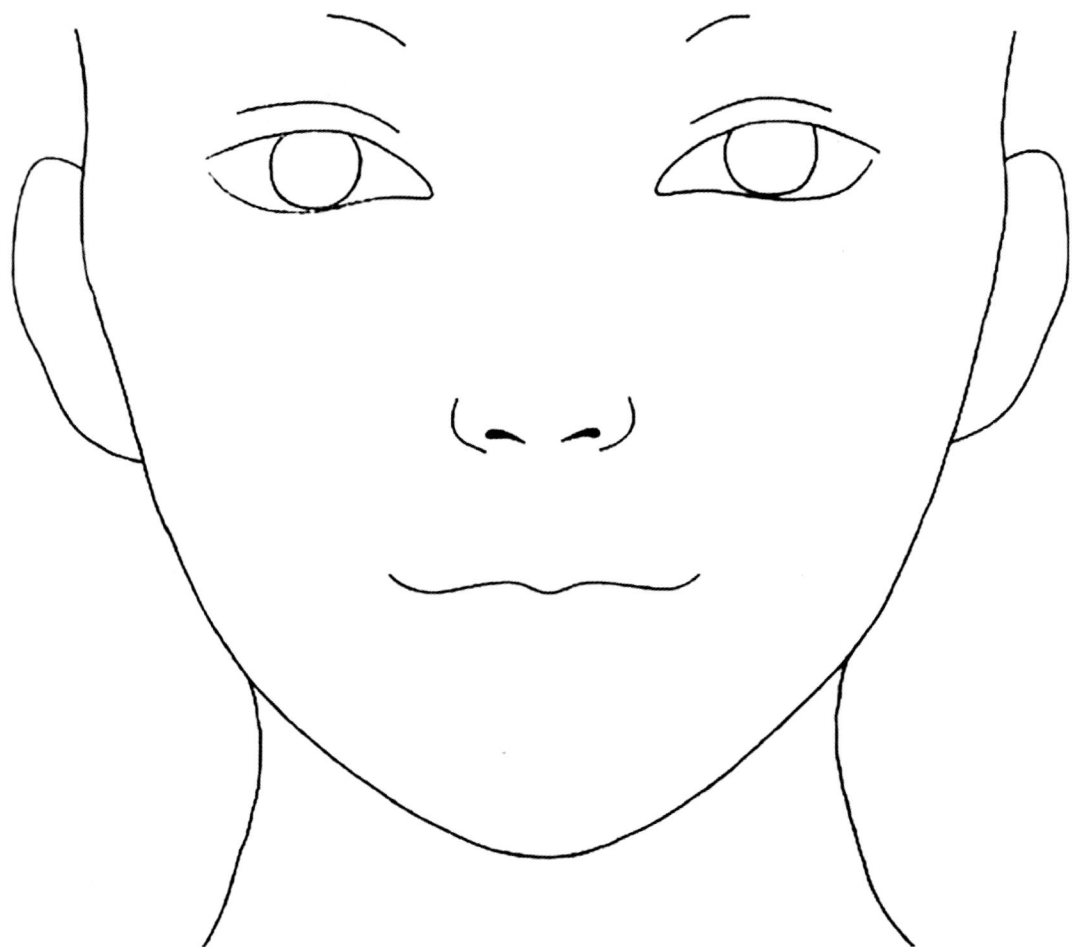

任务四　明代人物造型设计

任务目标

1. 了解明代造型的特点

2. 掌握明代造型的技法

3. 能够根据顾客特点进行明代造型设计

情境描述：

静静最近看了一部关于明代的电视剧，但她觉得现在的电视剧女性角色的造型太过于现代化了，于是查了一番资料后越发对明代造型感兴趣，立马网购了一套相对传统的明制汉服，希望专业造型师能为她打造一款符合明代特征的造型。

相关知识

一、明代历史背景

明代是中国历史上最后一个由汉族建立的封建王朝，君主专制空前加强，多民族国家进一步巩固，手工业和商品经济繁荣，农桑业快速发展，纺织业发达，文化艺术呈现世俗化趋势，是继汉唐之后的黄金时期。虽然明初政治清明，国力强盛，但明中期开始由盛转衰，到明晚期天灾人祸，国力衰退，后因农民起义结束了一个辉煌而复杂的王朝。

在儒家传统的审美教化影响下，明代的美学思潮中出现了"心学美学"和"阳明心学"。女子地位低下，自宋代以来崇尚的妇女裹足，到明代极盛，社会对女子外表的审美评价从面部转移到了足部，女性装扮重点转移到了首饰。传统的审美理想、审美趣味受到挑战，女子形象风格总体延续宋代汉族传统，以简约清淡、端庄典雅为美。

二、明代女性造型分析

（一）明代女性妆容分析

1.底妆

明代清秀柔弱的人物形象透露着文雅与恬静，女子妆容较简约清淡（图5-4-1），但明代女性对于胭脂的使用方法不尽相同，一般和粉搭配使用，有的先以粉傅面，然后再涂抹胭脂，有的将两者混合后直接涂抹，整体底妆简洁素雅，较为流行的妆容是突出"高光"的"三白妆"，强调立体底妆。

2.眉妆、眼妆

由于明代是积极颂扬贞节的时代，对女性束缚严酷，为迎合男性的审美，女子眉妆为清丽媚态。女性眉型大多为纤细、弯曲的柳叶细眉（图5-4-2），眉妆的变化只在于眉形的深浅长短。明代女子眼妆以追求凤眼为美，因此会将眼线描画得细长且眼尾微微上翘（图5-4-3）。

3.唇妆

明代唇妆总体以薄、小为美（图5-4-4），唇型描绘小于本身唇型。唇妆基本分为三种，第一种是承袭旧制，仍以樱桃小口为美的"樱桃唇"；第二种则是上唇涂满口红，而下唇仅在中间点上一点，这类唇妆在宫廷中较为流行；第三种则是上唇不涂抹，仅涂抹下唇。

图5-4-1 《明孝恭章皇后像》女子妆容（台北故宫博物院藏）

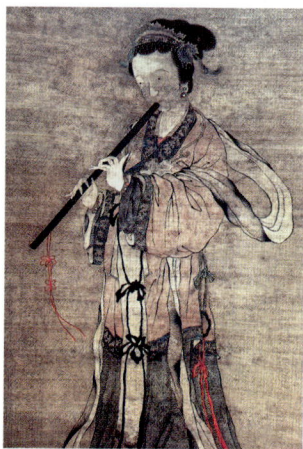

图5-4-2 明代唐寅《吹箫仕女图》女子眉妆（南京博物院藏）

图5-4-3 明代陈洪绶《斗草图》女子眼妆（辽宁省博物馆藏）

图5-4-4　明代《千秋绝艳图》中的女子唇妆（中国历史博物馆藏）

4.面饰

明代女性的妆容包括傅粉、抹胭脂、涂额黄、贴花钿，面饰在明代仍然较受女性喜爱，且得到广泛流行。明代较流行的"眉间俏"（图5-4-5），即以翠羽做成"珠凤""楼台""梅花"等形状花子，贴在两眉之间。

明代女子延续唐宋的珠钿花钿传统，流行起"珍珠妆"，即将珍珠、金丝、珠翠等面花材料贴在嘴角、眉梢、眼角、太阳穴、额头、两眉间、下巴等位置，相较宋代女子的珍珠妆更加纤细、低调，流传也更广泛。

（二）明代女性发型分析

明代女子喜欢瘦长典雅的造型，发式整体轮廓趋向矮小、精致，发式风格清丽、秀美。发髻式样根据当时流行趋势有所变化，整体上趋于低矮小巧，六七寸已是高髻的代表。发式在高度上较前朝有明显收敛，发髻固定的位置也从头顶逐渐偏移到后脑，且装饰趋于烦琐。比如发髻的形状偏低矮扁圆，两边发际使用捧鬓，发髻上簪饰花朵的"桃心髻"；将全部头发往后梳，挽成一个大髻，在脑后呈后垂状的"堕马髻"；蓬松的发髻，梳成后像盛开的牡丹花的"牡丹头"，还有螺髻、流苏髻、挑尖顶髻等名目繁多的发式。有些发髻不簪花饰，而有的发髻则满头珠翠。明代女性也常用假发，且样式推陈出新，还流行使用"额帕"包头的装束和头箍佩戴。此外，妇女还喜欢用鲜花插饰于发髻上。明代女子手工艺技术高度发展，制作搭配发式的冠状假髻，其中特髻和髲髻最具代表意义，总体而言，在头饰的制作技巧方面较之前更精细复杂。

（三）明代女性服饰分析

由于明代手工业和纺织业的蓬勃发展，服装和配饰的设计极为

图5-4-5　明代《女像轴》中的侍女

精致卓越。明代女子服饰风格喜瘦长、窈窕风格（图5-4-6），女性服饰有便服与礼服之分，便服一般以合身、修长、窄瘦的长袄为主，而礼服以宽衣大袍的大袖衫为主，配以凤冠、霞帔。女性服饰主要有袄、衫、霞帔、背子、比甲、裙子等基本服装样式，一般均为右衽。一般仕女的长袄形式是盘领、右衽、窄袖，服饰装饰多运用吉祥寓意纹样，服饰色彩以桃红、绿、紫色或各种浅淡色为主，而皇室或达官贵人较多选用大红、雅青、黄色等色彩。另外，明代最具特色的还有云肩、长背心等单品。

图5-4-6　明代唐寅《王蜀宫妓图》局部

任务实施

一、模特面部分析

模特面部特征及矫正重点见表5-4-1。

表5-4-1　模特面部特征及矫正重点

模特照片	模特面部特征	矫正重点
	脸型：脸型较标准、面部偏瘦、脸颊凹陷，两脸颊稍许不对称，左脸下颌角稍偏大	脸型：用提亮色提亮两脸颊凹陷处，阴影色修饰左脸下颌角
	五官比例：三庭五眼较标准，中庭略偏长	五官比例：常规修饰，不做特别调整
	皮肤：肤色白皙，面部皮肤有黑点瑕疵，唇周肤色有暗沉	皮肤：遮瑕膏遮盖面部瑕疵处和肤色暗沉处
	眼睛：两眼较对称，眼窝凹陷	眼睛：常规修饰，不做特别调整
	眉毛：两眉弧度稍许不对称	眉毛：修眉，将两眉尽量调整对称
	鼻子：鼻型标准，鼻梁挺拔	鼻子：常规修饰，不做特别调整
	唇：唇型不对称，唇珠偏右，上唇偏厚，下唇较窄小，唇色较暗	唇：粉底遮盖唇型，按理想唇型重新描绘

二、实践操作

（一）粉底

使用遮瑕膏遮盖面部瑕疵处和暗沉区域，选用偏白皙的粉底均匀地涂抹在面部，提亮额头、鼻梁、下巴以及面部凹陷部位，提亮面部整体肤色，增加面部的立体感，如图5-4-7所示。

选用阴影色修饰左脸下颌角。选用与粉底色相同或透明的散粉进行定妆，使底妆服帖牢固。

（二）腮红

选用较浅淡的粉色腮红在两颊处轻扫晕染，腮红外缘与肤色自然协调过渡，如图5-4-8所示。

（三）眉毛

在涂抹粉底之前使用修眉刀修饰眉毛，将两眉尽量调整对称。观察眉部，使用眉毛遮瑕膏遮盖眉毛，为明代眉妆的刻画打好基础。用黑色眉笔轻描纤细弯曲的眉形，线条流畅，注意两眉对称度和精致度，如图5-4-9所示。

（四）眼部

1.眼影

选用与腮红色同色系的眼影在上下眼睑进行晕染，眼影色略深于浅淡的腮红色，但与腮红协调呼应，如图5-4-10所示。

2.眼线

用黑色眼线笔沿内眼线描画较细长的眼线，尾部略微上翘拉长，线条流畅，注意两边对称。

3.睫毛

使用睫毛夹对睫毛进行卷曲处理，涂刷纤细型睫毛膏。

（五）唇部

使用粉底遮盖模特原本的唇型，使用正红色亚光唇膏描绘唇型，注意唇型的描画需比模特原本的唇型更小更薄，注意调整模特稍偏的唇珠位置，唇型外轮廓线条流畅，左右对称，如图5-4-11所示。

图5-4-7　涂抹粉底

图5-4-8　画腮红

图5-4-9　画眉毛

图5-4-10　画眼影

（六）面饰

使用蓝色水溶性彩绘颜料在眉间位置描画简约风格花钿，在花钿中间粘贴白色珍珠，在酒窝和眼角处粘贴小号珍珠装饰，注意左右对称，如图5-4-12所示。

图5-4-11　设计唇部造型

图5-4-12　面饰设计

三、任务评价

完整妆造如图5-4-13、图5-4-14所示，根据任务评价表（表5-4-2）对明代女性造型效果进行评价。

图5-4-13　完整妆造（1）

图5-4-14　完整妆造（2）

扫二维码观看教学视频

13.明代时期造型设计

表5-4-2 任务评价表

任务	评价内容	评分标准	分值	自评	互评	师评	备注
明代女性造型	妆面技术（50分）	底妆：粉底厚薄均匀，遮盖瑕疵，底妆服帖牢固	10分				
		眉毛：两眉对称，眉型符合明代眉妆特点	10分				
		眼妆：眼线描画流畅，眼影晕染均匀	10分				
		唇妆：唇型符合明代唇妆特点，唇色亚光，唇型外轮廓线清晰明确，唇型两边对称	10分				
		面饰：面饰设计符合明代风格，描画或粘贴对称，线条流畅	10分				
	发型设计（20分）	真假发衔接自然，发片弧度流畅，发丝齐整不毛躁，发型设计符合明代特征，发饰搭配和谐，风格统一	20分				
	整体造型（20分）	服饰、发饰的选择和妆面的设计符合明代特征，色彩搭配和谐，整体协调自然	20分				
	规范性（10分）	准备工作、技术动作规范，服务态度良好，能在规定时间内完成	10分				
总分100分							

注 备注栏可记录扣分原因。

课堂笔记

_____

_____

_____

_____

_____

_____

学生练习

两两搭档，按照明代女性造型特点和要求，在规定时间内完成明代女性整体人物造型设计（模特妆面设计方案、妆面效果图、整体造型设计）并实施。

1.完成模特妆面设计方案（表5-4-3）

表5-4-3　妆面设计方案

模特照片	模特面部特征	矫正重点
	脸型：	脸型：
	五官比例：	五官比例：
	皮肤：	皮肤：
	眼睛：	眼睛：
	眉毛：	眉毛：
	鼻子：	鼻子：
	唇：	唇：

2.将明代女性造型设计完成后的照片贴在下方

3.绘制妆面效果图

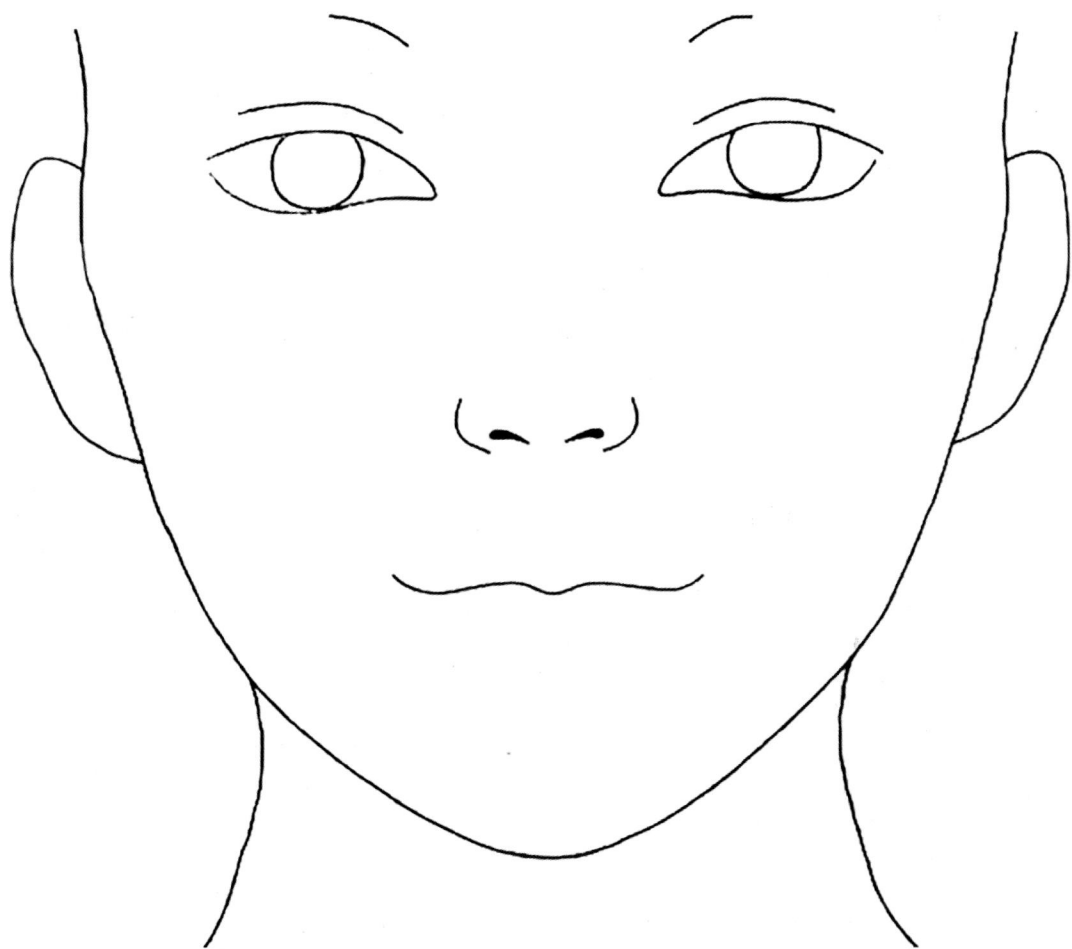

项目内容： 任务一　创意人物造型的定义

任务二　时尚人物造型和创意人物造型的关系

任务三　创意人物造型设计方法和流程

学习时间： 8~12课时

学习情景： 化妆实训室

学习目标：

知识目标：

1. 理解创意人物造型的定义，掌握其核心概念和特点。

2. 了解时尚人物造型和创意人物造型之间的关系，包括相互影响、相辅相成的特点。

3. 掌握创意人物造型设计的方法和流程，包括构思、设计、实施等环节。

4. 理解创意人物造型设计的重要性及其在人物造型行业中的应用价值。

5. 能够运用所学知识，分析和评价不同类型的创意人物造型作品，并提出合理的改进建议。

能力目标：

1. 能够运用创意思维，设计和实施创意人物造型，展现个人独特的艺术表达能力。

2. 具备分析和评价时尚人物造型和创意人物造型之间的关系的能力，包括

项目六 创意人物造型设计概述

对其相互影响和相辅相成的认识。

3. 能够独立进行创意人物造型设计，掌握设计方法和流程，包括构思、策划、实施和评估等方面的技能。

4. 具备团队合作能力，能够与其他专业人员合作，共同完成创意人物造型项目。

5. 能够运用专业知识和技能，解决实际创意人物造型设计中的问题，提出创新性的解决方案。

素养目标：

1. 培养学生对美学和艺术的欣赏能力，提升审美情趣，培养艺术修养。

2. 培养学生的创新精神和创造力，鼓励他们在创意人物造型设计中勇于尝试和探索。

3. 培养学生的沟通和表达能力，使他们能够清晰地表达自己的设计理念和想法。

4. 培养学生的批判性思维能力，使他们能够对时尚人物造型和创意人物造型进行客观评价和分析。

5. 培养学生的责任心和团队合作精神，使他们能够在团队合作中充分发挥自己的作用，完成任务。

任务一　创意人物造型的定义

任务目标

1.理解并准确描述创意人物造型的定义和内涵

2.掌握创意人物造型的基本特点和要素

3.能够区分创意人物造型与传统化妆的区别和联系

4.能够说明创意人物造型在时尚产业和艺术领域中的重要性和作用

情境描述：

在化妆学校的教室里，老师向学生介绍创意人物造型的定义和特点，通过图片和讨论加深学生对这一概念的理解。学生们热情参与，积极分享自己的看法和体会，促进了彼此之间的交流和学习。

相关知识

一、引言

创意人物造型设计是一门以创造性思维为核心，通过化妆、发型、服装等手段，对人物进行艺术包装和设计，以达到突出和升华人物形象的目的的设计活动。这种设计活动紧密结合了艺术表现、时尚潮流和文化传承这三种形式，旨在通过对外观的美化和艺术化处理，呈现出视觉上的吸引力和感染力（图6-1-1）。

在创意人物造型设计中，造型师首先需要具备丰富的想象力和构思能力，能够为人物形象注入独特的创意和灵感。其次，造型师需要具备精湛的表现技巧和技术功底，能够熟练运用化妆技法、发型设计和服装搭配等技术手段，将创意转化为现实。最后，造型师还需要具备深厚的文化修养和审美素养，能够从

图6-1-1　创意人物造型
（图片来源：图虫创意）

文化传统、时尚趋势和社会背景等方面汲取灵感，为设计作品赋予更深层次的内涵和意义。

创意人物造型设计广泛应用于商业广告、电影与电视、摄影平面以及舞台和T台等领域。无论是在商业宣传还是在艺术表演中，创意人物造型设计都扮演着重要角色，以此来吸引观众目光、传递情感信息，甚至成为文化符号的代表。因此，创意人物造型设计既是一门艺术，又是一门行业，其影响力和意义远远超出了表面的美化和装饰，体现了人类审美追求和文化表达的深层次需求。

图6-1-2 影视作品《加勒比海盗》中的创意人物造型（图片来源：知乎）

二、创意人物造型定义

创意人物造型是指通过创新性思维和艺术表现，利用化妆、发型、服装等手段，对人物或形象进行独特设计和艺术包装的过程。这种造型设计注重塑造独特的外观形象，突破传统的审美界限，展现出创作者独特的审美观和想象力。创意人物造型旨在通过艺术化的手法和表现方式，传达特定的情感、理念或主题，呈现出富有创意和个性化的视觉效果（图6-1-2）。

三、创意人物造型的特点

图6-1-3 蝴蝶造型创意人物造型（图片来源：小红书）

（一）创新性思维

创意人物造型强调创新性思维。造型师们通过独特的想法和创意，打破传统的化妆观念和审美界限，创造出新颖、独特的造型效果（图6-1-3）。

（二）个性化定制

创意人物造型注重个性化定制，根据不同的场合、需求和主题，量身定制适合的造型方案，突出个体的独特性和特色。

（三）艺术性表现

创意人物造型融合了艺术性的表现手法，造型师们通过对色彩、形状和纹理等元素的巧妙运用，将化妆、发型和服装等元素融合成一体，呈现出艺术感十足的外观效果（图6-1-4）。

（四）情感与意义

创意人物造型不仅是外观的美化，更是一种情感和意义的表达。造型师们通过精心设计的造型，传达特定的情感、理念或主题，引起观者的共鸣和思考。

（五）多元化应用

创意人物造型的应用范围广泛，涵盖了商业广告、电影与电视、摄影平面、舞台和T台等多个领域，能够满足不同行业和场合的需求（图6-1-5）。

图6-1-4　创意艺术造型（图片来源：Pin图网）

（六）技术与实践

创意人物造型需要造型师具备丰富的技术功底和实践经验，只有熟练掌握化妆技巧、发型设计和服装搭配等各种技术手段，才能将创意人物造型呈现得淋漓尽致。

四、创意人物造型的作用和影响

创意人物造型在社会和文化领域中具有重要的影响力和作用。

图6-1-5　音乐剧《猫》人物造型（图片来源：搜狐网）

（一）美学引领

创意人物造型通过独特的审美观念和创新的设计手法，不断引领着时尚潮流和美学标准的发展。造型师们的作品能够激发人们的审美感知，推动美学理念的演变和发展。

（二）文化传播

创意人物造型常常融合了不同的文化元素和时代特征，成为文化传播的重要媒介。通过造型师们的作品，人们可以感受到不同文化的魅力和独特之处，促进文化交流和理解。

（三）品牌推广

商业广告中的创意人物造型能够有效地吸引消费者的注意力，提升品牌形象和产品销量。造型师们通过精心设计的造型，将品牌理念和产品特点融入其中，实现品牌推广和营销的目的。

（四）角色表达

在电影、电视和舞台等艺术表演领域，创意人物造型发挥着塑造形象和情感表达的重要作用。造型师们通过造型设计，帮助演员诠释角色特点和情感内核，增强表演的感染力和震撼力。

（五）社会议题

创意人物造型也常常被用来表达社会议题和关注焦点，通过造型师们的作品，人们可以关注社会问题和价值观念，引发思考和讨论。

（六）个人表达

对于个人而言，创意人物造型是一种自我表达和个性展示的方式。通过化妆和造型的设计，个人可以展现自己的风格和个性，增强自信心和自我认同。

五、文化传承和技术创新

创意人物造型通过文化传承和技术创新的双重驱动，不断丰富和拓展着自身的内涵和表现形式，为时尚与艺术的交汇注入了更为丰富和多样的活力。

（一）文化传承

创意人物造型在设计过程中常常融合了各种文化元素，如传统服饰、民族风情、古代传说等，体现了文化的多样性和丰富性。造型师们通过对历史文化的挖掘和传承，将古老的文化符号和传统艺术重新演绎，为现代人物造型注入了更深厚的内涵和魅力。这种文化传承不仅仅是对历史的致敬，更是对文化传统的发扬光大，使其得以传承和延续（图6-1-6）。

（二）技术创新

随着科技的不断进步，创意人物造型也在技术创新的推动下不断发展。现代人物造型已不再局限于传统的手工技艺，而是借助数字化技术、3D打印等先进工具，实现了更精准、更个性化的设计效果。例如，通过虚拟现实技术可以模拟各种场景和效果，帮助造型师们更好地预览和调整造型；而3D打印技术

图6-1-6　戏曲艺术在创意人物造型中的应用（图片来源：凯风网）

图6-1-7　新兴技术在创意人物造型中的应用（图片来源：Pin图网）

则可以制作出更为精致和独特的化妆道具和装饰品。这些技术创新不仅提升了设计效率和质量，也为人物造型的发展开辟了新的可能性（图6-1-7）。

任务拓展

收集5幅创意人物造型设计的案例，并分析它们的特点。

课堂笔记

任务二　时尚人物造型和创意人物造型的关系

任务目标

1. 理解和描述时尚人物造型与创意人物造型之间的关系

2. 分析和比较时尚人物造型和创意人物造型的特点和要素

3. 掌握时尚人物造型和创意人物造型在化妆艺术领域中的地位和作用

4. 能够说明时尚人物造型和创意人物造型相互促进、相辅相成的关系，以及在时尚产业和艺术领域中的应用价值

情境描述：

在一次小组讨论中，老师让学生探讨时尚人物造型和创意人物造型的关系。学生们围坐在一起，分享各自的看法和理解。他们讨论了两者的特点和区别，以及在化妆艺术领域中的应用。通过这次讨论，学生们增进了对时尚化妆和创意化妆之间关系的认识，并提升了团队合作能力。

相关知识

一、引言

时尚人物造型和创意人物造型作为化妆艺术领域中两个重要分支，在当今社会中发挥着重要作用。时尚人物造型以其紧跟时尚潮流、追求商业效益的特点，成为时尚产业中重要的一环，为广大消费者提供了各种流行化妆风格和造型设计（图6-2-1）。而创意人物造型则更注重造型师个性的表达和艺术的创新，通过独特的创意和表现手法，为化妆艺术注入了更多的艺术性和文化内涵（图6-2-2）。本节就时尚人物造型与创意人物造型的关系进行深入探讨，探究它们之间的相互影响、共

图6-2-1　时尚人物造型

生关系以及未来的发展趋势，旨在提供一个全面深入了解化妆艺术领域的视角。

二、时尚人物造型的特点和趋势

（一）市场导向

时尚人物造型受到市场需求和消费者喜好的影响，造型师们需要密切关注市场趋势和时尚潮流，以满足消费者不断变化的需求。

（二）追求流行

时尚人物造型追求紧跟时尚潮流和流行趋势，造型师们会不断研究并呈现最新的时尚元素和造型风格，以保持产品的前沿性和吸引力。

（三）商业化

时尚人物造型具有明显的商业属性，造型师们需要考虑产品的商业价值和品牌效应，通过合作品牌、推广活动等方式提升产品的市场竞争力和知名度。

图6-2-2　创意人物造型（图片来源：NEXT TREND）

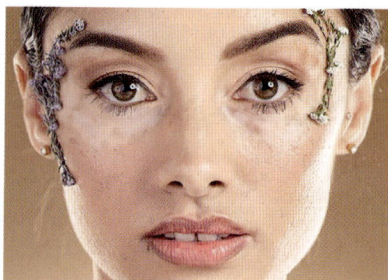

图6-2-3　环保主题时尚人物造型（图片来源：PNG树网）

（四）多样化和个性化

消费者对人物造型的需求日益个性化，造型师们需要提供更加多样化、个性化的化妆产品，以满足不同消费者的审美需求和个性表达。

（五）技术应用

随着科技的发展，时尚人物造型越来越多地借助数字化技术和科技手段，如虚拟现实、智能化妆工具等，为造型师们提供了更多创新和表现的空间。

（六）环保和可持续性

近年来，环保和可持续发展成为时尚人物造型关注的焦点，造型师们开始选择环保材料和生产工艺，致力于减少对环境的影响，推动行业向可持续发展方向发展（图6-2-3）。

三、创意人物造型的特点和创新

（一）个性化和独特性

创意人物造型强调个性化和独特性，造型师们通过独特的创意和表现手法，打造出与众不同的造型，展现出个性化的艺术品位和审美追求（图6-2-4）。

图6-2-4　John Galliano 2007 SPRING COUTURE 创意人物造型（图片来源：搜狐网）

（二）艺术性和创造力

创意人物造型注重艺术性和创造力的发挥，造型师们常常通过想象力和创意思维，创作出富有艺术感和表现力的造型作品，引领着化妆艺术的新潮流（图6-2-5）。

（三）多元化和开放性

创意人物造型具有多元化和开放性的特点，造型师们不受传统观念和限制，可以尝试各种不同的创新元素和风格，从而创造出更加丰富多彩的人物造型作品（图6-2-6）。

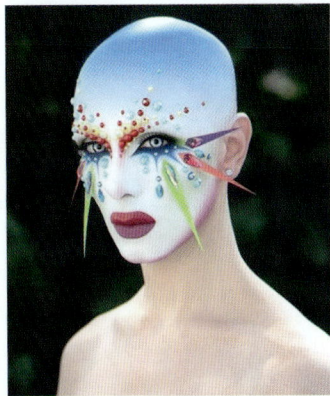

图6-2-5　创意人物造型（图片来源：Pin 图网）

（四）技术创新和实验性

随着科技的发展，创意人物造型不断借助于新技术和工具进行创新和实验，如数字化技术、特效化妆等，为造型师们提供了更多创作的可能性和空间（图6-2-7）。

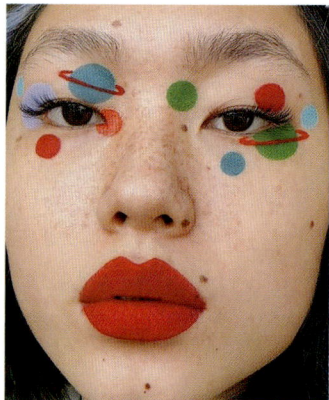

图6-2-6　创意人物造型（图片来源：tumblr画廊）

（五）表现力和情感表达

创意人物造型注重表现力和情感表达，造型师们通过人物造型作品传达特定的情感、理念或主题，引起观者的共鸣和思考，展现出更深层次的艺术内涵和表现力（图6-2-8）。

（六）社会价值和文化传承

创意人物造型不仅仅是艺术表现，还具有社会价值和文化传承的意义。造型师们常常通过造型作品传递社会关注的焦点和文化价值观念，促进社会的进步和发展（图6-2-9）。

图6-2-7　特效创意人物造型（图片来源：Pin图网）

图6-2-8　创意人物造型（图片来源：Pin图网）

图6-2-9　戏曲创意人物造型（图片来源：Pin图网）

四、相互影响与共生关系

（一）时尚人物造型对创意人物造型的影响

时尚人物造型在追求市场导向和商业效益的同时，也不断吸收和借鉴创意人物造型的创新元素和艺术表现方式。时尚界的新潮流和流行趋势往往会受到创意人物造型的启发，促使造型师们不断尝试新的创意和设计手法，从而推动时尚人物造型的发展和变革。

（二）创意人物造型对时尚人物造型的启发

创意人物造型以其独特的艺术表现和创新性的设计，为时尚人物造型注入了更多的艺术灵感和创意元素。创意人物造型常常能够打破传统的审美观念和限制，激发造型师们的创造力和想象力，为时尚人物造型带来更多的新鲜血液和创新动力。

（三）共同推动行业发展

时尚人物造型和创意人物造型虽然在设计理念和目标上有所不同，但二者共同推动着整个人物造型行业的发展和进步。它们相互借鉴、相互影响，共同构建起一个多元化和丰富化的化妆艺术生态系统，为消费者提供更多样化和个性化的选择。

五、合作与竞争

时尚人物造型和创意人物造型之间既存在合作又存在竞争。它们既在市场竞争和品牌推广中相互竞争，争夺消费者的青睐和市场份额；同时也会在设计理念和创新技术上进行合作，共同推动行业的发展和创新。

（一）合作

时尚人物造型和创意人物造型在某些方面存在合作的可能性。例如，一些时尚品牌可能会与创意化妆师合作，以推出独特的产品系列或合作活动。这种合作可以为品牌注入新鲜的创意和艺术元素，提升品牌形象和市场竞争力。

同样，创意人物造型师和时尚品牌之间也可能发生合作，例如在时装秀上展示创意人物造型，或者合作推出限量版化妆品系列。这种合作有助于将创意人物造型的艺术性和独特性与时尚品牌的影响力和市场资源相结合，实现双方的共赢。

（二）竞争

时尚人物造型和创意人物造型在市场上也存在竞争关系。它们竞争的焦点可能包括市场份额、品牌知名度、设计创新等方面。

时尚人物造型和创意人物造型在设计理念、风格和目标受众等方面可能存在差异，但它们仍然处于同一个市场竞争。造型师们需要通过不断的创新和提升，吸引更多的消费者和市场份额。

（三）共同推动行业发展

尽管存在竞争，但时尚人物造型和创意人物造型也在共同推动整个人物造型行业的发展。它们相互借鉴、相互影响，共同促进行业的创新和进步。合作与竞争的结合，推动了行业的多样化和活力，为消费者提供了更多选择和更高品质的产品和服务。

（四）案例分析

知名时尚杂志 *Vogue* 在2020年5月刊登了一组创意人物造型的专题，展示了独特的艺术表现和创新设计。这个案例体现了创意人物造型对时尚产业的影响和作用。

在这组专题中，化妆师们采用了各种创意手法和艺术元素，打造了一个令人惊叹的人物造型，包括黑色头巾，字母眼妆，以街头嘻哈风格的重金属配饰点缀，结合了不同的服装和配饰，呈现出了多样化而又独特的艺术效果（图6-2-10）。这组专题不仅仅是对化妆技术的展示，更是对艺术创作和审美表达的探索。化妆师们通过创意人物造型作品，表达了对时尚、艺术和文化的独特理解和审美追求，引领了时尚产业的新潮流和艺术风向。

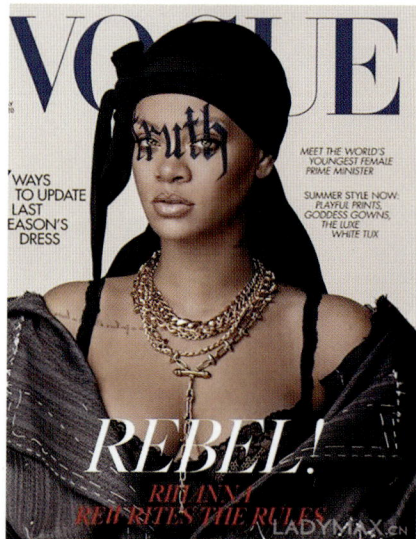

图6-2-10　2020年5月刊英版 *Vogue* 杂志封面上的创意人物造型蕾哈娜（图片来源：新浪网）

该时尚杂志通过刊登这组专题，为创意人物造型提供了一个展示和传播的平台，吸引了大量读者和观众的关注。这不仅促进了时尚杂志的品牌影响力和市场竞争力，也为化妆师们提供了展示个人才华和创意能力的机会，进一步推动了创意人物造型的发展和普及。

六、未来发展趋势

未来创意人物造型行业将向着数字化、个性化、可持续和跨界合作的方向发展，为消费者带来更多创新和多样化的人物造型体验，推动行业的持续发展和进步。创意人物造型的未来发展趋势体现在以下几个方面。

（一）数字化技术的应用

随着科技的不断发展，数字化技术如虚拟现实（VR）、增强现实（AR）等将在创意人物造型中得到更广泛的应用。这些技术可以提供更加生动逼真的体验，帮助化妆师们在虚拟环境中进行创作和实验，推动创意人物造型的创新和发展。

（二）可持续性和环保意识

未来创意人物造型行业将更加关注可持续性和环保意识。化妆品的生产过程将更加注重节约资源和保护环境，倡导绿色生产和可持续发展，满足消费者对于环保产品的需求。

（三）个性化定制服务

　　未来创意人物造型行业将越来越注重个性化定制服务。化妆师们将更加关注消费者的个性化需求和审美追求，提供量身定制的人物造型服务，满足不同消费者的个性化需求（图6-2-11）。

（四）跨界合作和创新融合

　　未来创意人物造型行业将与其他行业展开更多的跨界合作和创新融合。例如，与时尚品牌、艺术家、科技公司等合作，共同打造创新的人物造型作品，引领时尚潮流和艺术创作的新风尚。

（五）社交媒体和影响力营销

　　未来创意人物造型行业将更加依赖社交媒体和影响力营销。化妆师们将通过社交媒体平台展示个人作品和创意，建立个人品牌和影响力，吸引更多的粉丝和合作机会。

七、结论

　　时尚人物造型与创意人物造型之间存在着紧密的关系，它们相辅相成、共同推动着人物造型行业的发展。时尚人物造型注重市场导向和商业效益，追求大众审美和流行趋势，而创意人物造型则强调个性化、艺术性和创新性，突破传统界限，挑战观念。二者虽有差异，但在实践中常相互影响、相互促进。

　　时尚人物造型和创意人物造型在设计理念、技术手法、目标受众等方面各有侧重，但它们共同致力于为消费者提供多样化、高品质的化妆服务和产品。时尚人物造型通过市场反馈和消费趋势指引行业发展方向，而创意人物造型则以其独特的艺术表现和创新设计推动行业不断向前发展。

　　未来，时尚人物造型和创意人物造型将继续相互合作、竞争、共同推动着人物造型行业的发展。随着科技的发展和消费者需求的变化，它们将不断创新、探索，为消费者带来更加丰富、个性化的化妆体验（图6-2-12）。同时，它们也将更加注重可持续发展、社会责任，促进行业的健康可持续发展。

图6-2-11　个性创意人物造型设计（图片来源：Pin图网）

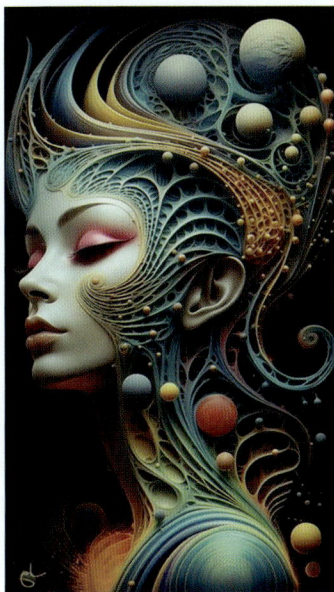

图6-2-12　科技与创意人物造型的结合（图片来源：Pin图网）

任务拓展

搜集5套时尚人物造型和创意人物造型的图片，并分析它们的特点。

课堂笔记

_____

_____

_____

_____

_____

_____

_____

_____

_____

_____

_____

_____

_____

_____

_____

_____

_____

任务三　创意人物造型设计方法和流程

任务目标

1.理解和掌握创意人物造型设计的方法和流程

2.能够运用创意思维，进行人物造型设计的构思和规划

3.掌握人物造型设计的基本技术和手法，包括化妆、发型、服装等方面的设计和实施

4.能够独立或协作完成创意人物造型设计项目，并达到预期的艺术效果

5.能够评估和反思自己的设计过程，发现问题并提出改进措施，不断提升创意人物造型设计的水平和质量

情境描述：

在化妆课上，老师组织学生进行创意人物造型设计。学生们分组讨论设计方案，然后展开实施。他们互相合作，分工明确，力求完美呈现设计效果。完成后进行自我评估和反思。通过这次实践活动，学生们提升了设计能力和团队合作意识。

相关知识

一、引言

创意人物造型设计作为一门融合艺术与技术的综合性学科，在当今社会中扮演着日益重要的角色。随着时尚产业和艺术领域的不断发展，人们对于个性化和创新性的追求日益增强，创意人物造型设计作为一种独特的艺术形式，正逐渐受到人们的关注和青睐。

本节将介绍创意人物造型设计的方法和流程，旨在帮助学生深入了解这一领域的基本知识和技能，提升他们的设计能力和实践水平。本节内容将从构思阶段开始，探讨如何启发创意、收集灵感，制定设计方案；然后介绍设计阶段的具体内容，包括妆面设计、发型设计、服装搭配等；接着讲解实施阶段的技巧和注意事项，确保设计效果的实现；最后探讨评估与反思的方

法，促进学生不断提升设计水平和质量。

通过本节的学习，旨在帮助学生们能够全面了解创意人物造型设计的方法和流程，掌握相关的技能和工具，为将来在这一领域中的实践和探索打下坚实的基础。

二、设计流程和方法

（一）构思阶段

构思阶段，造型师需要启发创意、收集灵感，并制定具体的设计方案。以下是构思阶段的主要内容。

1.启发创意

造型师可以通过各种途径来启发创意，例如观察周围的环境、阅读相关的资料、参与头脑风暴活动等。他们应该保持开放的思维，积极寻找灵感的来源。

2.收集灵感

造型师应该及时记录下自己的灵感和想法，可以通过素描、摄影、笔记等方式进行记录。同时，他们还可以从艺术作品、时尚杂志、电影等各种渠道收集灵感，为后续的设计提供参考。

3.制定设计方案

在收集了足够的灵感后，造型师需要对其进行整理和分析，制定具体的设计方案。这包括确定设计的主题和风格、选择适合的化妆品和工具、规划设计的步骤和时间等。

4.实验和探索

造型师可以通过实验和探索来进一步丰富和完善设计方案。他们可以尝试不同的妆面效果、发型造型和服装搭配，发现新的可能性和创意点。

（二）设计阶段

设计阶段是创意人物造型设计的核心环节之一，它涉及妆面设计、发型设计、服装搭配等具体内容。

1.妆面设计

妆面设计直接影响人物形象的表现和整体效果。在展开妆面设计时，造型师需要考虑以下几个方面。

（1）**人物形象**：首先，造型师需要深入了解人物的特点和角色背景，包括性别、年龄、肤色、五官特征等。根据人物的形象特点，确定妆面设计的整体风格和细节处理。

（2）**主题风格**：根据构思阶段确定的主题和风格要求，选择相应的妆面设计方案。不同的主题和风格可能需要采用不同的化妆技巧和色彩搭配，例如清新自然、浓妆艳抹、经典复古等。

（3）**场景要求**：考虑到实际拍摄或演出的场景需求，造型师需要调整妆面设计，使之与场景相协调。例如，在室内光线下和户外光线下的妆容效果可能有所不同，需要有针对性地调整。

（4）**化妆品和技术选择**：根据设计要求和人物特点，选择适合的化妆品和技术。例如，选择合适的粉底液、眼影、口红等化妆品，并掌握各种化妆技巧，如遮瑕、眼部深浅处理、唇部立体感等。

（5）**妆容细节处理**：在进行妆面设计时，造型师需要注重细节处理，使妆容更加精致和完美。包括修饰眉毛形状、处理眼部线条、打造唇部丰盈感等，通过细致的工作提升整体妆容质量。

2.发型设计

发型设计能够为人物形象增添独特的特色和风格，以下是发型设计的主要内容。

（1）**人物特征**：在进行发型设计时，造型师需要考虑人物的面部特征、头发质地和长度等因素。根据人物的性别、年龄和角色背景，确定适合的发型设计方案。

（2）**主题风格**：根据构思阶段确定的主题和风格要求，选择相应的发型设计方案。不同的主题和风格可能需要采用不同的发型造型和发饰搭配，例如简约时尚、复古怀旧、奢华高贵等。

（3）**场景需求**：考虑到实际拍摄或演出的场景需求，造型师需要调整发型设计，使之与场景相协调。例如，在户外活动和室内场景下的发型设计可能有所不同，需要灵活调整。

（4）**发型造型技巧**：造型师需要掌握各种发型造型技巧，包括卷发、拉直、编辫等，以及使用各种发饰和造型产品的方法。通过合理运用这些技巧，打造出符合设计要求的发型效果。

（5）**发型协调性**：在进行发型设计时，造型师需要考虑发型与妆容、服装等其他要素之间的协调性。确保发型与整体造型风格相匹配，形成统一的视觉效果。

3.服装搭配

服装搭配涉及选择适合的服装款式、颜色、材质和配饰，以及与妆容和发型相协调，共同塑造出完美的整体形象。以下是服装搭配的主要内容。

（1）人物特征考虑：在进行服装搭配时，首先需要考虑人物的身材特征、气质以及角色设定。不同的人物特征可能适合不同类型的服装款式和风格，造型师需要根据这些特征选择合适的服装。

（2）主题与风格选择：根据设计的主题和风格要求，选择相应的服装款式和配饰。服装搭配应与整体设计风格相呼应，确保服装与场景和人物角色的氛围相一致。

（3）场景需求考虑：考虑到实际拍摄或演出的场景要求，造型师需要调整服装搭配，使之与场景相协调。例如，户外活动和室内活动可能需要不同类型的服装款式和面料。

（4）色彩与材质搭配：色彩和材质是服装搭配中至关重要的因素。造型师需要根据人物形象和设计要求选择合适的色彩搭配和面料材质，以营造出理想的视觉效果。

（5）服装与妆容协调：服装与妆容之间需要保持协调一致，形成统一的整体造型效果。服装款式、颜色和配饰应与妆容风格相互呼应，共同塑造出完美的形象。

4.实施计划

实施计划涉及工作流程、时间安排、人力资源等方面的规划和安排，以下是实施计划的主要内容。

（1）工作流程规划：造型师需要制定详细的工作流程，包括妆面设计、发型设计、服装搭配等各个环节的具体步骤和顺序。确保工作有条不紊地进行，提高工作效率。

（2）时间安排：造型师需要合理安排工作时间，确保每个环节都有足够的时间进行，并在预定的时间内完成设计任务。考虑到可能出现的延误因素，应留有适当的缓冲时间。

（3）人力资源调配：根据工作量和时间安排，确定所需的人力资源配备，包括化妆师、发型师、服装搭配师等，确保团队成员在各个环节都能发挥最佳作用。

（4）材料准备：根据设计需求，准备所需的化妆品、发型工具、服装配饰等材料。确保材料的充足性和质量，以保证设计效果的实现。

（5）沟通协调：造型师需要与团队成员和相关人员进行有效的沟通和协调，确保各个环节的顺利进行。及时解决可能出现的问题，确保设计任务按计划完成。

5.评估与反思

评估与反思能够帮助造型师发现问题、总结经验、不断提升设计水平，以下是评估与反思的主要内容。

（1）设计成果评估：造型师需要对最终的设计成果进行全面评估，包括妆面效果、发型造型、服装搭配等方面，并评估设计成果是否符合预期的设计要求，是否达到了预期的效果。

（2）工作流程评估：造型师需要对整个工作流程进行评估，包括工作步骤、时间安排、人力资源配备、工作流程是否合理顺畅、是否存在不足之处需要改进等方面。

（3）团队合作评估：如果设计过程涉及团队合作，造型师需要评估团队合作的效果，包括沟通协调、任务分工、团队氛围、团队合作是否配合默契、是否达到了预期的效果等方面。

（4）客户满意度评估：如果设计任务是为客户提供服务，造型师需要评估客户的满意度，了解客户对设计成果的评价和反馈，及时调整和改进设计方案，以提高客户满意度。

（5）个人成长反思：造型师需要对个人的设计能力和水平进行反思，总结经验教训，发现不足之处并制订改进计划，不断学习和提升自己的设计水平，以适应行业发展的需要。

三、案例分析

（一）案例背景介绍

加勒比海盗系列是以海盗为题材的冒险电影，其中的主角杰克船长（Jack Sparrow）以其叛逆、古怪的形象深受观众喜爱。他的创意妆容成为电影角色塑造的重要一环（图6-3-1）。

（二）设计方案描述

1.妆面设计

杰克船长的妆容设计突出了他叛逆、古怪的个性特点，包括褪色的眼影、深色的眼线和浓密的眉毛，营造出一种颓废不羁的感觉。

2.发型设计

他的发型设计同样充满了独特性，呈现的是凌乱的长发或盘发，表现出一种不羁自由的气息。

3.服装搭配

杰克船长的服装搭配同样与他的个性特点相符，破烂不堪的衣服、多层次的外套和配饰，展现出一种古怪的风格。

图6-3-1　加勒比海盗系列电影中的杰克船长（图片来源：搜狐网）

（三）设计过程分析

在设计过程中，化妆师、发型师和服装造型师密切合作，共同塑造了杰克船长这一独特的形象。

设计团队通过不断尝试和调整，最终确定了杰克船长的妆容、发型和服装设计方案，确保了整体效果的完美呈现。

四、练习与应用

练习与应用是学习创意人物造型设计的重要环节，通过实际的练习和应用，可以帮助学习者巩固所学知识，提高实际操作能力。

（一）化妆练习

学习者可以进行化妆练习，尝试不同的妆容设计，包括时尚妆、复古妆、特效妆等，提高化妆技巧和审美能力。

（二）发型设计

学习者可以进行发型设计练习，尝试设计不同风格的发型，包括编发、卷发、直发等，提高发型设计和操作技能。

（三）服装搭配

学习者可以进行服装搭配练习，尝试搭配不同款式和风格的服装，包括时尚、复古、传统等，提高服装搭配能力和审美水平。

（四）实践应用

学习者可以参与实际的人物造型项目，如学校活动、社团表演等，将所学知识应用到实际项目中，提高实际操作能力和团队合作能力。

五、总结与展望

总结与展望是学习和实践的重要环节，通过总结可以回顾所学知识和经验，通过展望可以展望未来的发展方向和目标。

在创意人物造型设计的学习和实践过程中，应深刻理解设计与创意的关系，学习创意人物造型的基本概念、要素和方法，通过实际练习和应用，提高自己的化妆技能和设计能力。

　　在未来的学习和工作中，应继续努力，不断提高自己的设计水平和审美能力，积极参与各类创意人物造型项目，拓宽自己的视野，不断探索和创新，在创意人物造型领域取得更大的成就。

　　总之，通过总结与展望，学习者应对自己的学习和发展有更清晰的认识和规划，不断努力，实现自己在创意人物造型设计领域的目标和梦想。

课堂笔记

项目七

「非遗」元素创意人物造型设计

项目内容: 任务一　水墨元素创意人物造型设计

任务二　民族元素创意人物造型设计

任务三　戏曲元素创意人物造型设计

任务四　剪纸元素创意人物造型设计

学习时间: 24～36课时

学习情景: 化妆实训室

学习目标:

知识目标:

1. 深入探究非物质文化遗产中水墨、民族、戏曲、剪纸元素的内涵。

2. 理解这些元素的独特韵味和鲜明特点。

能力目标:

驾驭水墨、民族、戏曲、剪纸的独特韵味;以创新化妆技艺塑造出别具一格的神韵。熟稔盘发基础技巧与假发包造型手法,使整体形象在鲜明的个性中彰显独特的气质。

素养目标:

1. 引导学生自我探索之旅,陶冶美学素养。

2. 锻炼观察与实践之能,进而塑造精益求精的工匠精神,培育对中华传统文化之深度鉴赏力,以及激发技艺传承与创新之觉悟。

任务一　水墨元素创意人物造型设计

任务目标

1. 探索水墨元素的特性

2. 在人物塑造中融入水墨元素的韵味

3. 根据造型对象特质展开富有创意的造型设计

扫二维码观看教学视频

14.水墨元素创意人物造型设计

情境描述：

为实现水墨书画艺术的普及与传承，一所独具匠心的书院近日与国内知名人物形象设计专业达成合作协议。双方将携手创作一系列水墨主题的人物造型设计，以期激发更多人关注并喜爱这传承千年的书画艺术。此次合作将充分发挥双方的专业优势，共同推动水墨书画在现代社会的传播与发展。

相关知识

一、水墨元素的分析

水墨画是中国传统文化的代表之一，被誉为"中国国粹"。水墨画的历史可以追溯到唐朝和宋朝，它的创作技法和风格在明清时期逐渐成熟，并且一直延续至今。

中国水墨画以黑白为主、彩色为辅，形成了独特的艺术体系。用墨的浓淡变化来表现色的层次变化，实现了"墨分五彩"的效果。在中国绘画史上，五代以前重彩画，魏晋南北朝受玄学思想的影响，至隋唐时期，山水画逐渐独立出来，经历了长足的发展。唐代大诗人王维首创了纯粹以水墨山水为主题的绘画形式，构成了中国绘画的主流。到了元代，文人水墨画成为东方艺术的主流，以水渗入墨彩渲染画面，以黑色的线条勾勒出形体结构，强调通过黑白两色透视生命真相。中国古人使用水墨创作出无数流传千年的杰作，构建了独特的审美与感知。

水墨画强调笔墨的韵味和对意境的表达，追求一种淡雅、高远的审美境界。它通过墨色的浓淡变化来展现物体的质感和光影效果，有着很强的表现力。水墨画蕴含着中国传统文化的哲学思想、道德观念和审美情趣，是中国文化的重要组成部分。此外，水墨画对中国书法、篆刻、园林等艺术形式产生了深远的影响。在传承的同时，水墨画不断与现代艺术观念相结合，进行创新发展。水墨元素是"非遗"的重要组成部分，它不仅体现了中国传统文化的独特魅力，也为现代艺术的发展提供了丰富的资源和启示。

二、水墨元素创意人物造型设计方法

（一）深入研究水墨风格

理解水墨画的特质，包括线条、墨色和笔触。认真观察传统水墨画作品，学习其表达方式和艺术风格。

（二）人物特征概括

明确想要设计的人物特征，例如性别、年龄、职业和性格等。这些特征将会影响人物造型的细节和风格。

（三）精简形状

简化人物的形状，凸显线条的简洁和流畅。可以运用简洁的几何形状构建人物的基本结构。

（四）墨色运用

以墨色的浓淡变化表现人物的轮廓和立体感。可以透过涂黑或留白来凸显人物的重要部分。

（五）增添细节

在人物造型中加入一些水墨风格的细节，诸如纹路、花纹和墨迹等。这些细节可以增强人物的个性和艺术感。

（六）尝试不一样的技法

试验水墨绘画的多样技法，如写意和工笔等，将其融入人物造型之中，打造出独特的效果。

（七）强调动态与表情

透过人物的姿态和表情传递情感与故事。设计生动有趣的动态，能够使人物更具吸引力。

（八）不断实践与尝试

持续进行实践与试验，尝试不同的设计方案，发掘新的创意和表达方式。

任务实施

一、寻找灵感源和参考资料

（一）深入研究传统水墨画

欣赏传统水墨画作品，仔细观察其中的线条、墨色运用、构图和表现形式。认真分析不同画家的风格和特点，从中获取灵感。

（二）深度探索中国文化

深入研究中国文化的各个方面，如传统服饰、舞蹈、戏曲、文学等。这些古老而独特的文化元素可以为人物造型提供丰富的灵感。

（三）精心收集素材

积极收集与水墨元素相关的图片、照片、插画、艺术作品等，可以创建一个灵感板，将所收集的素材整理在一起，方便随时参考。

（四）跨领域启发

从其他艺术形式、设计领域、时尚潮流或当代文化中获取灵感。留意不同领域的创新和突破，或许会带来新的想法。

（五）实验和尝试

不要受限于传统的方法，敢于尝试新的技巧和材料，通过尝试不同的水墨效果和组合，可能会发现新的灵感。

（六）保持开放的心态

时刻保持对新事物的好奇心和开放的心态，不断接受和探索不同的灵感来源，与他人交流和分享，也可能会获得新的启发。

二、绘制设计稿

根据灵感来源、主题和情感，选择适当的色彩方案进行设计稿绘制。在绘制设计稿时，应充分发挥创意，尽情享受创作的过程，如图7-1-1、图7-1-2所示。

图7-1-1 水墨元素创意人物造型设计稿（1）

图7-1-2 水墨元素创意人物造型设计稿（2）

三、主题案例

水墨元素创意人物造型设计案例如图7-1-3～图7-1-5所示，根据评价表（表7-1-1）对水墨元素创意人物造型效果进行评价。

图7-1-3　完整妆造（1）　　图7-1-4　完整妆造（2）　　图7-1-5　完整妆造（3）

表7-1-1　任务评价表

任务	评价内容	评分标准	分值	自评	互评	师评	备注
水墨元素创意人物造型设计	妆面设计（30分）	底妆：底妆肤色选择具有准确性，底妆与模特皮肤衔接自然	10分				
		色彩：整体妆容色彩搭配和谐，突出主题	10分				
		材料：材料新颖，具有创造性，整体设计和谐统一	10分				
	发型设计（20分）	发型有光泽和弹性，线条流畅，层次分明，符合模特脸型，发饰具有个性特征，体现设计意图搭配得当	20分				
	整体造型（40分）	妆面、发型、服饰整体造型统一、协调，设计创新，突出主题与风格	40分				
	规范性（10分）	桌面工具摆放有序，准备工作、技术动作规范，服务态度良好、团体合作融洽，能在规定时间内完成。	10分				
总分100分							

注　备注栏可记录扣分原因。

课堂笔记

学生练习

以小组为单位，按照水墨元素创意人物造型设计要求，在规定时间内完成整体人物造型设计（模特分析、效果图、妆容设计与整体设计）并实施。

1.将原型照片与创意人物造型设计完成后的照片贴在下方

2.设计方案

根据所选模特的脸型、体型、发式、所选的服装造型以及模特的要求，进行综合设计（表7-1-2）。

表7-1-2 设计方案

年龄		脸型	
体型		发式	
服装款式		设计主题词	
色彩分析			
模特要求			
妆容分析			
综合设计思路			

3. 绘制妆面设计稿

4.绘制造型设计稿

任务二　民族元素创意人物造型设计

任务目标

扫二维码观看教学视频

1. 深入探究民族元素的特质

2. 在人物造型设计中全面展现民族元素

3. 具备根据造型对象特征进行创意造型设计的能力

15.民族元素创意人物造型设计

情境描述：

近期，许多短视频平台纷纷推出民族变装主题内容，潮流时尚的嘉嘉亦对此产生浓厚兴趣，计划打造一组富有民族特色的变装视频。

相关知识

一、民族元素分析

民族元素种类繁多，特点鲜明。从分类上看，包括民族服饰、民族建筑、民族工艺、民族音乐、民族舞蹈、民族饮食等。这些元素各具特色，既有物质文化的表现，如服饰、建筑、工艺等，也有非物质文化的传承，如音乐、舞蹈、民间故事等。民族元素的特点主要表现在其独特的象征意义、深厚的民族情感和鲜明的地域特色（图7-2-1）。

在"非遗"中，民族元素得到了充分的体现。无论是藏族的歌舞、蒙古族的草原文化，还是汉族的庙会、民间艺术，都充满了浓厚的民族风情。这些民族元素不仅是"非遗"的重要组成部分，也是各民

图7-2-1　羊皮鼓舞

族文化相互交流、融合的载体。民族元素具有重要的意义与价值。首先，它体现了民族文化的独特性，使各民族文化既相互区别，又共同构成了中华民族文化的多样性。其次，民族元素是民族情感的寄托，承载着人们对美好生活的向往和对民族文化的自豪。最后，民族元素具有社会教化功能，通过传承民族优秀文化，弘扬民族精神，促进社会和谐。

在现代文化创意产业中，民族元素得到了广泛的应用。设计师们将民族元素融入产品设计，打造具有民族特色的文化产品。如苗族银饰、侗族鼓楼等元素，被运用到饰品、建筑、家居等领域，既弘扬了民族文化，又丰富了现代设计（图7-2-2～图7-2-4）。

在"非遗"传承与创新中，民族元素的保护与发展至关重要。我们要在尊重和保护民族文化的基础上，挖掘和传承民族元素，使其在现代社会焕发出新的活力。同时，我们还要注重民族元素的创新，使其更好地适应时代发展，为我国文化事业做出更大贡献。

图7-2-2 象帽舞

图7-2-3 热巴舞

图7-2-4 侗族琵琶歌

二、民族元素创意人物造型设计方法

（一）深度挖掘民族文化

对于所选的民族，需进行全面而深入的文化研究，包括文化特质、传统服饰、图案和色彩等，这将为人物造型设计提供丰富的素材。

（二）融合现代风格

在尊重并保留民族特色的前提下，尝试融入现代设计元素，以提升造型的时尚感和创新性。

（三）突出人物个性

根据人物的性格特点、职业背景或故事情节，塑造独特的形象，以鲜明的个性凸显人物特征。

（四）色彩的运用

色彩在表达民族文化和情感上扮演着重要角色，恰当的选择能有效传达特定氛围和情感。

（五）注重细节

配饰、发型、妆容等细节的刻画，能使人物造型更具生动感和真实感。

（六）实践与探索

设计过程中的实践和尝试至关重要，不断探索不同的方案，以寻求最理想的效果。

（七）参考成功案例

学习其他"非遗"民族元素创意人物造型设计的成功案例，吸收其经验和创新之处。

总之，在设计过程中，应充分调动创新精神和想象力，将民族元素与个人风格完美结合，创造出独具特色且令人印象深刻的人物造型设计。

任务实施

一、寻找灵感源和参考资料

针对"非遗"民族元素的人物造型设计的灵感，可以从多个途径进行探索。例如，参观博物馆、艺术展览，阅读相关书籍和文章，深入研究民族文化的历史与传统，有助于全面理解民族元素的内在含义和独特特征。此外，利用互联网进行搜索，浏览其他设计师的作品，分析他们如何运用民族元素进行创作，并以此为契机，激发设计灵感。日常生活中，关注身边的人和事，或许一个平凡的场景或人物便能为你带来别具一格的设计灵感。同样，与同行设计师展开交流，分享彼此的设计想法和经验，也有助于激活新的创意。表7-2-1为民族元素创意设计思路。

表7-2-1　民族元素创意设计思路

民族元素体现的方面	图片	运用方法
色彩		根据民族文化的特点，选择具有代表性的色彩，例如，藏族、维吾尔族可能偏好鲜艳的色彩，而朝鲜族可能更倾向于柔和的色调
图案		将民族特色的图案融入服装和妆容中，可以是传统的刺绣、印花，或者是具有象征意义的图案
材质和面料		选择与民族文化相关的材质和面料，如丝绸、棉布、毛绒等，以增加服装的质感和独特性
配饰		搭配适合的民族配饰，如项链、耳环、手镯等，进一步突出民族风格
妆容		在妆容上，可以运用特殊的化妆技巧，如描绘独特的眉形、眼妆或唇妆，来体现民族特色
创新与融合	 （图片来源：设计师韩琪2024SS"牧人诗集"）	在保留民族元素的基础上，尝试与现代设计风格进行创新融合，展现独特的时尚感

二、绘制设计稿

根据灵感来源、主题和情感，选择适当的色彩方案进行设计稿绘制。在绘制设计稿时，应充分发挥创意，尽情享受创作的过程，如图7-2-5、图7-2-6所示。

图7-2-5　民族元素创意人物造型设计稿（1）

图7-2-6　民族元素创意人物造型设计稿（2）

三、主题案例

民族元素创意人物造型设计案例如图7-2-7、图7-2-8所示，根据评价表（表7-2-2）对民族元素创意人物造型效果进行评价。

图7-2-7 完整妆造（1）

图7-2-8 完整妆造（2）

表7-2-2 任务评价表

任务	评价内容	评分标准	分值	自评	互评	师评	备注
民族元素创意人物造型设计	妆面设计（30分）	底妆：底妆肤色选择具有准确性，底妆与模特皮肤衔接自然	10分				
		色彩：整体妆容色彩搭配和谐，突出主题	10分				
		材料：材料新颖，具有创造性，整体设计和谐统一	10分				
	发型设计（20分）	发型有光泽和弹性，线条流畅，层次分明，符合模特脸型，发饰具有个性特征，体现设计意图搭配得当	20分				
	整体造型（40分）	妆面、发型、服饰整体造型统一、协调，设计创新，突出主题与风格	40分				
	规范性（10分）	桌面工具摆放有序，准备工作、技术动作规范，服务态度良好、团体合作融洽，能在规定时间内完成	10分				
总分100分							

注 备注栏可记录扣分原因。

课堂笔记

学生练习

以小组为单位，按照民族元素创意人物造型设计要求，在规定时间内完成整体人物造型设计（模特分析、效果图、妆容设计与整体设计）并实施。

1.将原型照片与创意人物造型设计完成后的照片贴在下方

2.设计方案

根据所选模特的脸型、体型、发式、所选的服装造型以及模特的要求，进行综合设计（表7–2–3）。

表7-2-3　设计方案

年龄		脸型	
体型		发式	
服装款式		设计主题词	
色彩分析			
模特要求			
妆容分析			
综合设计思路			

3.绘制妆面设计稿

4. 绘制造型设计稿

任务三　戏曲元素创意人物造型设计

任务目标

1.深入挖掘戏曲元素的内涵与魅力

2.赋予人物造型设计以戏曲之美

3.依据造型对象特质，呈现独具匠心的创意造型

扫二维码观看教学视频

16.戏曲元素创意人物造型设计

情境描述：

　　国潮之风盛行，造美工作室欲乘此大势，策划一场戏曲主题的个人写真盛宴，以传扬中华之美，彰显新中式之韵。

相关知识

一、戏曲元素的分析

　　戏曲融合多种表演形式，包括唱、念、做、打等，演员通过身体动作、声音和表情来传达故事和情感。

　　戏曲音乐以独特的曲调、板式和唱腔著称，常用的乐器有二胡、琵琶、锣鼓等，在表现情感和烘托气氛方面发挥着重要作用。戏曲的服装和化妆通常具有鲜明特色，不同角色的扮相和服饰展示了他们的身份、性格和情感。舞台布景在戏曲中扮演着非常重要的角色，它有助于营造出特定的场景和氛围，使观众更好地理解故事。戏曲的故事情节通常蕴含丰富的文化内涵和价值观，反映了社会生活和人民的情感。戏曲演员需要具备高超的表演技巧，包括身段、唱腔、武功等，这些技巧是戏曲艺术的重要组成部分。

　　这些元素相互配合，构成了戏曲独特的魅力，通过对这些元素的分析，我们可以更好地理解和欣赏戏曲这一艺术形式。

二、戏曲元素创意人物造型设计方法

在戏曲元素创意人物造型设计方面，我们可以发现许多有趣的创作方法。

首先，要深入研究不同戏曲剧种的特色，包括服装、头饰、脸谱以及表演风格等。这些将为设计工作提供坚实的基础。

其次，可以考虑将现代设计元素融入传统戏曲元素之中，比如流行的服装款式、时尚的发型等，打造古典与现代相结合的独特风格。

再次，要着重突出角色的特点，根据其性格、身份、职业等特征，巧妙地应用戏曲元素进行造型设计。例如，可以通过华丽的头饰来展现高贵角色的气质，或者运用夸张的脸谱来呈现反派角色的特点。色彩的运用也是至关重要的，其能够传达角色的情感和氛围。如红色可能表示热情和活力，而黑色则可能暗示神秘和严谨。创新的材质和纹理同样能为角色造型增添立体感和触感，例如皮革、金属、丝绸等。另外，注重细节处理，例如配饰的选择、图案的设计、妆容的描绘等，这些细节能使人物造型更加生动和引人注目。

最后，不断地实践和尝试也是至关重要的，要通过绘制草图、制作模型等方式，探索最令人满意的创意人物造型。在设计过程中，要勇于发挥想象力，将传统与创新相结合，创造出令人惊艳的戏曲元素创意人物造型。

任务实施

一、寻找灵感源和参考资料

（一）传统戏曲剧目

研究经典的戏曲剧目，观察其中的人物形象和服装特点，从中获取灵感（图7-3-1）。

（二）民间故事和传说

民间故事和传说中的人物形象丰富多样，可以为设计提供独特的创意。

（三）历史和文化

挖掘不同历史时期和文化背景下的服装风格、发型和装饰，将其融入人物造型中（图7-3-2）。

图7-3-1 昆曲《牡丹亭》

（四）现代艺术和时尚

关注现代艺术和时尚界的流行趋势，将其与戏曲元素相结合，创造出新颖的设计。

（五）自然元素

从大自然中汲取灵感，如动物、植物、花卉等，将它们的形态和色彩运用到人物造型设计中（图7-3-3、图7-3-4）。

（六）抽象概念

运用抽象的概念，如情感、力量、智慧等，通过造型和色彩来表达这些概念。

（七）跨文化交流

研究其他国家和民族的艺术形式，借鉴其中的元素和风格，为戏曲元素创意人物造型增添多元文化的魅力。

（八）个人经历和兴趣

从自己的生活经历、兴趣爱好中寻找灵感，将个人特色融入设计中，使人物造型更具个性。设计者可以根据自己的喜好和创意，选择其中一个或多个灵感来源，融合并创造出属于自己的独特戏曲元素创意人物造型。

二、绘制设计稿

根据灵感来源、主题和情感，选择适当的色彩方案进行设计稿绘制。在绘制设计稿时，应充分发挥创意，尽情享受创作的过程，如图7-3-5、图7-3-6所示。

图7-3-2 彩绣粉红色女大靠（图片来源：《中国戏曲服饰大全》）

图7-3-3 戏曲服饰图案（1）（图片来源：《中国戏曲服装图案》）

图7-3-4 戏曲服饰图案（2）（图片来源：《中国戏曲服装图案》）

图7-3-5　戏曲元素创意人物造型设计稿（1）

图7-3-6　戏曲元素创意人物造型设计稿（2）

三、主题案例

　　戏曲元素创意人物造型设计案例如图7-3-7～图7-3-9所示，根据评价表（表7-3-1）对戏曲元素创意人物造型效果进行评价。

图7-3-7　完整妆造（1）

图7-3-8　完整妆造（2）

图7-3-9　完整妆造（3）

表7-3-1 任务评价表

任务	评价内容	评分标准	分值	自评	互评	师评	备注
戏曲元素创意人物造型设计	妆面设计（30分）	底妆：底妆肤色选择具有准确性，底妆与模特皮肤衔接自然	10分				
		色彩：整体妆容色彩搭配和谐，突出主题	10分				
		材料：材料新颖，具有创造性，整体设计和谐统一	10分				
	发型设计（20分）	发型有光泽和弹性，线条流畅，层次分明，符合模特脸型，发饰具有个性特征，体现设计意图搭配得当	20分				
	整体造型（40分）	妆面、发型、服饰整体造型统一、协调，设计创新，突出主题与风格	40分				
	规范性（10分）	桌面工具摆放有序，准备工作、技术动作规范，服务态度良好、团体合作融洽，能在规定时间内完成	10分				
总分100分							

注 备注栏可记录扣分原因。

课堂笔记

学生练习

　　以小组为单位，按照戏曲元素创意人物造型设计要求，在规定时间内完成整体人物造型设计（模特分析、效果图、妆容设计与整体设计）并实施。

1.将原型照片与创意人物造型设计完成后的照片贴在下方

2.设计方案

根据所选模特的脸型、体型、发式、所选的服装造型以及模特的要求，进行综合设计（表7-3-2）。

表7-3-2　设计方案

年龄		脸型	
体型		发式	
服装款式		设计主题词	
色彩分析			
模特要求			
妆容分析			
综合设计思路			

3.绘制妆面设计稿

4. 绘制造型设计稿

任务四 剪纸元素创意人物造型设计

任务目标

扫二维码观看教学视频

1. 对剪纸元素的相关特性进行全面解析

2. 在人物造型设计中融入剪纸元素的独特魅力

3. 依据造型对象特点展开富有创意的造型设计

17.剪纸元素创意人物造型设计

情境描述：

　　最近，小洁对剪纸艺术产生了浓厚的兴趣，并突发奇想地将剪纸元素融入造型设计中，以凸显剪纸艺术的独特魅力，同时弘扬我国深厚的传统文化。

相关知识

一、剪纸元素的分析

　　剪纸艺术，作为我国活态文化的遗存，具有鲜明的活态性特征。我国是全球剪纸艺术的发源地，这一传统在我国呈现出广泛的普及性和丰富的文化多样性，成为我国"非遗"项目中独具特色的一部分。剪纸艺术展现了鲜明的民俗特色和实际功用，成为民间审美观念的记录与表达。解析剪纸的独特语言，各个造型都蕴含着丰富的文化内蕴，呈现出一种吉祥文化的特质，堪称现代艺术设计领域值得深入研究的素材。我国的剪纸艺术被联合国教科文组织列为"人类非物质文化遗产代表作名录"，可见剪纸艺术是多么珍贵，它是美术学和民俗学研究的重要组成部分，也是将物质文明和精神文明融为一体的民间工艺，以其独特的装饰性和趣味性，在传统文化中透露出顽强的生命力。

　　剪纸艺术在我国具有丰富的类型、广泛的地域特色以及多样的题材。它不仅具备审美和实用功能，还体现了人们对情感的诉求。在过去，剪纸艺术主要在特殊的场合和特定的环境下应用，以满足人们的精神需求。然而，随着时代的变迁，剪纸艺术开始融合了中西方传统的装饰手法，吸引了大量设计爱好者的关注。因此，剪纸艺术已不再局限于传统的艺术形式，而是在家居设计、建筑设计、电影与电视的片头或片尾设计等领域中广泛应用。

在现代设计中，将创意性与实用性融合是至关重要的设计理念。如今，市场上大量类似的设计已无法满足消费者对个性化和自我表达的需求。在这种背景下，设计师需要将传统设计元素与现代设计理念相结合，寻求更多的设计灵感，以开创独特的创意和风格。

二、剪纸元素创意人物造型设计方法

（一）人像造型

连接线条构成人物造型是剪纸艺术的鲜明特色之一。人物头像可分为正面和侧面两种，其五官如眉、眼、鼻、口、耳均以线条相连。根据年龄、性别、民族等具体差异，存在多种连接方式。在设计人物头像时，需注重五官位置、比例以及脸部宽窄和线条粗细的变化，恰当的连接能使人物造型生动且优美。

（二）变形与夸张

剪纸人物造型通过集中概括，实现变形与夸张。只有变形与夸张，方能凸显剪纸艺术的趣味。变形与夸张改变了人物自然比例，如大眼睛可横跨鼻与耳之间，这正是剪纸艺术夸张之特点。

（三）镂空与剪影

皮影造型借助图案纹饰模式刻制，其手法包括镂空与剪影，与剪纸艺术相契合。表7-4-1为具体的剪纸表现形式。

表7-4-1　剪纸的表现形式

剪纸元素特点	图片	体现方法
对称	 （图片来源：胡玉梅　陕西延川）	剪纸通常具有对称的特点，可以在设计中运用对称的形式，如对称的图案、图形或布局
镂空		剪纸的镂空效果是其独特之处。可以尝试在设计中创造镂空的部分，以增加层次感和透视感

续表

剪纸 元素特点	图片	体现方法
线条	 （图片来源：吴志泰作品）	剪纸注重线条的简洁和流畅。可以运用清晰、简洁的线条来描绘人物的轮廓和特征，突出剪纸的艺术风格
色彩		剪纸常常使用鲜明、对比强烈的色彩。在设计中可以选择鲜艳的色彩组合，或者运用单色来表现剪纸的简洁和纯粹
传统 图案		剪纸常常包含传统的图案和符号，如花卉、动物、吉祥图案等。可以将这些传统图案融入人物造型设计中，以增加文化内涵和艺术感

任务实施

一、寻找灵感源和参考资料

（一）传统文化

深入研究剪纸艺术的历史和文化背景，了解不同地区、民族的剪纸风格和特色。可以通过参观博物馆、阅读相关书籍和文章，或者与传统剪纸艺术家交流，获取更多关于剪纸的知识和灵感。

（二）自然元素

自然界中的各种元素，如动物、植物、花卉等，都可以成为剪纸元素的灵感来源。观察它们的形态、色彩和纹理，将其融入剪纸设计中。

（三）日常生活

从日常生活中寻找灵感，例如人们的生活场景、风俗习惯、传统节日等。这些元素可以通过剪纸的形式来展现，赋予作品更多的情感和故事性。

（四）现代设计

关注现代设计的趋势和风格，将其与剪纸元素相结合，创造出新颖独特的设计作品。可以参考其他艺术形式，如绘画、摄影、插画等，获取灵感。

（五）互联网和社交媒体

利用互联网和社交媒体平台，搜索和关注与剪纸相关的账号、博客、论坛等。这里有许多剪纸爱好者和专业人士分享的作品和经验，可以从中获取灵感和资料。

（六）参加展览和工作坊

参加剪纸艺术展览和工作坊，与其他剪纸爱好者交流和学习。这样可以直接接触到优秀的剪纸作品，了解最新的创作技巧和趋势。

（七）实地考察

有机会的话，可以到具有浓厚剪纸文化的地区进行实地考察，亲身感受当地的剪纸氛围和传统技艺。与当地的剪纸艺人交流，了解他们的创作过程和经验。

在收集资料时，可以整理和分类相关的图片、图案、视频等，建立自己的素材库，方便随时查阅和参考。同时，也可以尝试实践和练习，通过自己的创作探索更多的可能性。

二、绘制设计稿

根据灵感来源、主题和情感，选择适当的色彩方案进行设计稿绘制。在绘制设计稿时，应充分发挥创意，尽情享受创作的过程，如图7-4-1、图7-4-2所示。

图7-4-1 剪纸元素创意人物造型设计稿（1）

图7-4-2 剪纸元素创意人物造型设计稿（2）

三、主题案例

剪纸元素创意人物造型设计案例如图7-4-3所示，根据任务评价表（表7-4-2）对剪纸元素创意人物造型效果进行评价。

图7-4-3　完整妆造

表7-4-2　任务评价表

任务	评价内容	评分标准	分值	自评	互评	师评	备注
剪纸元素创意人物造型设计	妆面设计（30分）	底妆：底妆肤色选择具有准确性，底妆与模特皮肤衔接自然	10分				
		色彩：整体妆容色彩搭配和谐，突出主题	10分				
		材料：材料新颖，具有创造性，整体设计和谐统一	10分				
	发型设计（20分）	发型有光泽和弹性，线条流畅，层次分明，符合模特脸型，发饰具有个性特征，体现设计意图搭配得当	20分				
	整体造型（40分）	妆面、发型、服饰整体造型统一、协调，设计创新，突出主题与风格	40分				
	规范性（10分）	桌面工具摆放有序，准备工作、技术动作规范，服务态度良好、团体合作融洽，能在规定时间内完成	10分				
总分100分							

注　备注栏可记录扣分原因。

课堂笔记

学生练习

以小组为单位，按照剪纸元素创意人物造型设计要求，在规定时间内完成整体人物造型设计（模特分析、效果图、妆容设计与整体设计）并实施。

1.将原型照片与创意人物造型设计完成后的照片贴在下方

2.设计方案

根据所选模特的脸型、体型、发式、所选的服装造型以及模特的要求，进行综合设计（表7-4-3）。

表7-4-3　设计方案

年龄		脸型	
体型		发式	
服装款式		设计主题词	
色彩分析			
模特要求			
妆容分析			
综合设计思路			

3. 绘制妆面设计稿

4.绘制造型设计稿

项目八 环保材料元素创意人物造型设计

项目内容： 任务一　海洋元素创意人物造型设计

任务二　植物元素创意人物造型设计

任务三　可持续材料创意人物造型设计

学习时间： 24~36课时

学习情景： 化妆实训室、摄影棚

学习目标：

知识目标：

1. 探讨海洋元素、植物元素及可持续材料元素各自的独特性质。

2. 在掌握相关元素特性基础上，运用创新设计方法，创作出既
符合当代审美标准，又具有正面意义的创意造型。

能力目标：

1. 能根据造型对象特征和造型风格制定设计造型方案。

2. 能根据设计方案进行整体造型操作。

素养目标：

1. 顺应市场潮流，培养专业慧眼与审美情趣。

2. 借团队协作之力，培育服务理念与协同精神。

3. 历经实操磨砺，铸就追求卓越的匠心与职业素养。

4. 以作品评价为镜，学会鉴赏之道、阐述之能。

任务一 海洋元素创意人物造型设计

任务目标

扫二维码观看教学视频

1. 了解海洋元素的特点

2. 将海洋元素在人物造型设计中体现出来

3. 能够根据造型对象特点进行创意造型设计

18.海洋元素创意人物造型设计

情境描述:

桃桃是人物形象设计的学生,在网上看到一则关于海洋环境破坏的新闻深受影响,想利用自己的专业知识设计一个海洋主题的人物造型,来宣传海洋保护。

相关知识

一、海洋元素的分析

海洋元素指的是与海洋相关的符号、图像、图案或意象,如海洋生物、海洋景观、海洋器物等。这些元素在设计中常被运用,以表达对海洋的热爱、向往或者对海洋文化的理解。海洋元素的范畴非常广泛,涵盖了生物、地理等多方面的内容,既包括了具象的物质形态,也包括了抽象的意义象征。海洋元素分类如图8-1-1所示。因此,海洋元素的定义不仅仅局限于海洋本身,还包括了与海洋相关的文化、情感、想象等各个方面,如图8-1-2所示。

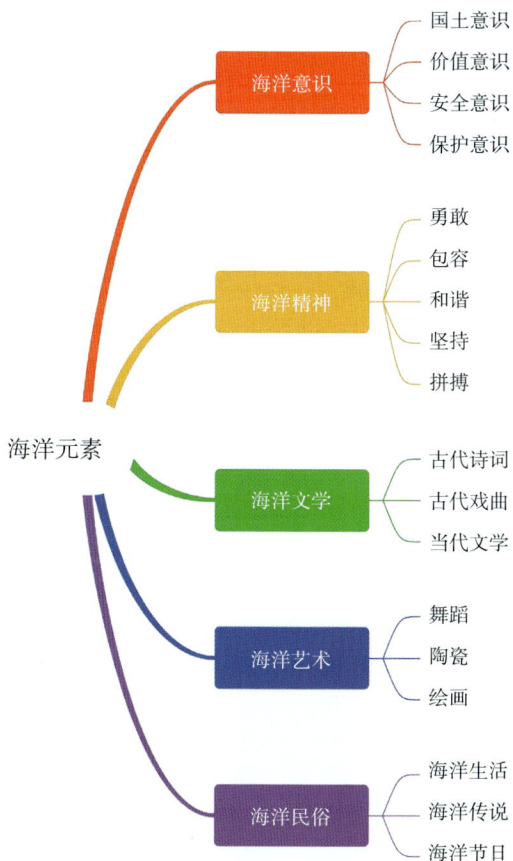

图 8-1-1　海洋元素分类

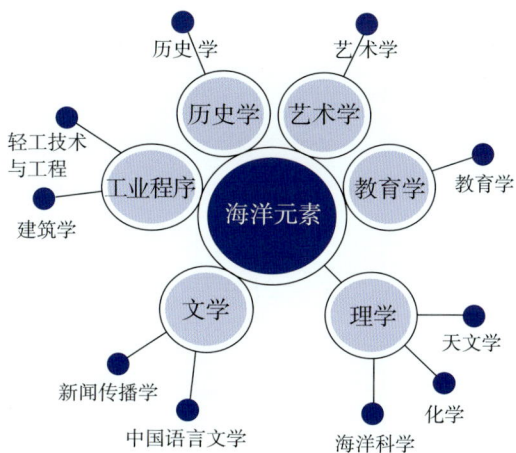

图 8-1-2　海洋元素涉及学科（图片来源：百度学术数据）

二、海洋元素创意人物造型设计方法

　　海洋元素人物造型设计融合了海洋中丰富多彩的元素，从服装、发型到化妆，均展现出对海洋的深刻理解和创意诠释。它不仅仅是一种视觉上的表达，更是对自然与人文关系的一种深刻思考。

　　设计者从海洋元素出发都会有不同切入点，确定造型设计主要元素至关重要。

　　在进行海洋元素人物造型设计时，我们需要以海洋的广袤与深邃为灵感来源。首先，我们可以从海洋生物的线条和形态中汲取创意，例如海星的五角形、贝壳的曲线以及鱼群的流畅动感。此外，在选用色彩时，可以将海蓝、珊瑚红和珍珠白等海洋特有的色彩融入设计中，以凸显海洋的神秘与魅力。

　　其次，对于人物的体态设计，我们可以以海洋中的动态元素作为参照，比如海浪的优美曲线或是海龟的稳健身姿，以此来营造灵动或慵懒的氛围。同时，要结合实际需求，考虑人物的功能与特性，确保设计不仅仅具有美感，更能够有效地传达所需的信息。

　　最后，在人物造型的细节处理上，我们可以结合海洋的纹理特征进行创新。比如利用贝壳纹理来丰富服饰的设计，或者以珊瑚的丰富色彩来渲染头饰的细节，从而使人物造型更加生动与丰富。在每一个细节上精益求精，使海洋元素完美地融入人物造型设计当中。

任务实施

一、寻找灵感源和参考资料

在进行人物造型设计之前，设计师需要收集灵感和参考资料。这些灵感和参考资料可以来自时尚杂志、时尚秀、电影、音乐、艺术作品等。通过收集灵感和参考资料，设计师可以获取更多的创意和想法。表8-1-1展示了人物造型设计中的"海洋元素"。

表8-1-1　人物造型设计中的"海洋元素"

海洋元素	案例	造型形式	形式美	情感表达
海浪	 （图片来源：Jusere 2019）	服装	重复与节奏	彰显海洋的生命力
 	 	发型		

续表

海洋元素	案例	造型形式	形式美	情感表达
鱼	 （图片来源：The Atelier 2023 春夏）（图片来源：pearlona 迷幻海洋系列） 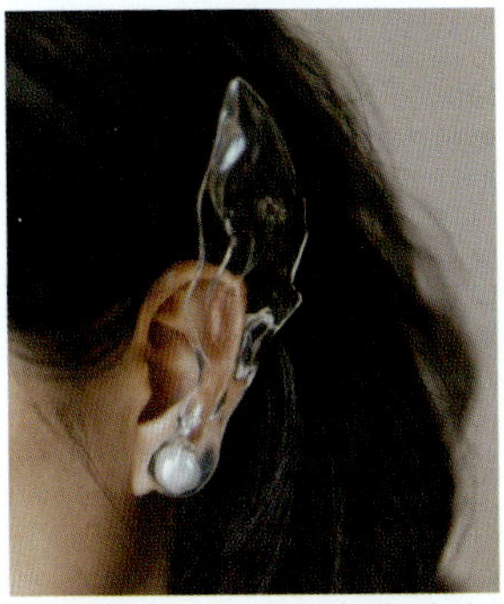	服装、配饰	整体布局、局部	高贵与权势
海洋垃圾		配饰	局部	环保，热爱自然

二、绘制设计稿

在进行创意人物造型设计时，设计师需要将服装、配饰、发型和化妆等元素进行整合和搭配，以创造出整体的时尚造型效果。设计师需要考虑各个元素之间的协调性和平衡性，以确保整体造型的和谐和统一，如图 8-1-3、图 8-1-4 所示。

图8-1-3　创意人物造型设计稿（1）

图8-1-4　创意人物造型设计稿（2）

三、主题案例

海洋元素创意人物造型设计案例如图8-1-5、图8-1-6所示，根据任务评价表（表8-1-2）对海洋元素创意人物造型设计效果进行评价。

图8-1-5　完整妆造（1）

图8-1-6　完整妆造（2）

表8-1-2　任务评价表

任务	评价内容	评分标准	分值	自评	互评	师评	备注
海洋元素创意人物造型设计	妆面设计（30分）	底妆：底妆肤色选择具有准确性，底妆与模特皮肤衔接自然	10分				
		色彩：整体妆容色彩搭配和谐，突出主题	10分				
		材料：材料新颖，具有创造性，整体设计和谐统一	10分				
	发型设计（20分）	发型有光泽和弹性，线条流畅，层次分明，符合模特脸型，发饰具有个性特征，体现设计意图搭配得当	20分				
	整体造型（40分）	妆面、发型、服饰整体造型统一、协调，设计创新，突出主题与风格	40分				
	规范性（10分）	桌面工具摆放有序，准备工作、技术动作规范，服务态度良好、团体合作融洽，能在规定时间内完成	10分				
总分100分							

注　备注栏可记录扣分原因。

课堂笔记

学生练习

　　以小组为单位，按照海洋元素创意人物造型设计要求，在规定时间内完成整体人物造型设计（模特分析、效果图、妆容设计与整体设计）并实施。

1. 将原型照片与创意人物造型设计完成后的照片贴在下方

2.设计方案

根据所选模特的脸型、体型、发式、所选的服装造型以及模特的要求，进行综合设计（表8-1-3）。

表8-1-3 设计方案

年龄		脸型	
体型		发式	
服装款式		设计主题词	
色彩分析			
模特要求			
妆容分析			
综合设计思路			

3.绘制妆面设计稿

4.绘制造型设计稿

任务二　植物元素创意人物造型设计

任务目标

扫二维码观看教学视频

1. 了解植物元素的特点

2. 将植物元素在人物造型设计中体现出来

3. 能够根据造型对象特点进行创意造型设计

19. 植物元素创意人物造型设计

情境描述：

　　小怡同学接了一个以自然环境为主题的公益海报，主办方希望小怡可以结合人物形象设计相关技能做一套宣传海报，帮助宣传保护自然。

相关知识

一、植物元素分析

（一）形态与特征

　　观察植物的外形、叶子形状、花朵形态等，思考如何将这些特征融入人物造型中。例如，模仿植物的线条和形状来设计服装、发型或配饰。

（二）颜色

　　研究植物的颜色特点，选择与之相匹配的色彩来表现人物。可以运用植物的代表色或渐变色调来营造特定的氛围。

（三）纹理与质感

　　考虑植物的表面纹理和质感，如粗糙的树皮、柔软的花瓣、光滑的叶子等。通过使用相应的材料或图案来呈现这些质感，增加人物造型的真实感。

（四）象征意义

某些植物可能具有象征意义，例如玫瑰代表爱情、莲花代表纯洁等。将这些象征意义融入人物形象中，可以传达更深层次的信息。

（五）生态环境

思考植物所处的生态环境，如森林、沙漠、沼泽等。根据不同的环境背景，设计与之相适应的人物造型，反映出与自然的联系。

（六）创意组合

将多种植物元素进行组合和创新，创造出独特的设计。可以尝试将不同植物的特征结合在一起，或者加入一些奇幻或想象的元素。

二、植物元素创意人物造型设计方法

（一）寓意和象征

思考植物所代表的寓意和象征意义，并将其融入人物造型中。例如，莲花代表纯洁，玫瑰象征爱情，可以通过设计相应的装饰或颜色来传达这些含义。

（二）动态和生命力

表现植物的动态和生命力，让人物造型具有动感和活力。可以通过设计飘动的叶子裙摆、随风摇曳的植物发饰等来展现。

（三）反传统设计

突破传统的人物造型，尝试新颖的设计。例如，将植物元素应用在非常规的部位，如脚部或背部，创造出独特的视觉效果。

（四）故事性

为人物造型编写一个与植物相关的故事或背景，通过造型设计展现出故事中的情节或元素。

（五）植物能力和特性

赋予人物与植物相关的特殊能力或特性。例如，设计一个能够控制植物生长的人物，或者一个具有植物般恢复能力的角色。

（六）跨界融合

将植物元素与其他主题或元素进行跨界融合，创造出独特的组合。比如，将植物与科技、魔幻或古代文化相结合。

（七）参考自然和文化

观察自然界中的植物形态和生态，同时研究不同文化中植物的象征和对植物的运用，获取更多的灵感和创意。

任务实施

一、寻找灵感源和参考资料

表8-2-1展示了人物造型设计中的"植物元素"。

表8-2-1　人物造型设计中的"植物元素"

植物元素	图片	造型形式	形式美	情感表达
花卉	（图片来源：Schiaparelli fall2022）	服装	整体布局	高贵、神秘
	（图片来源：Basak Baykal推出的"Floal"系列）	饰品	局部点缀	色彩明快洋溢盎然的生命力

植物元素	图片	造型形式	形式美	情感表达
花卉	  （图片来源：Simone Rocha 2024 s/s）	服装	重复	用花卉的轮廓彰显自然轻快的生命力
树叶	 （图片来源：Acne Studios2023  （图片来源：Gucci –Milan Fashion Week/Spring 2016）	服装	重复	植物的生命力旺盛
	 （图片来源：Leaf Bags 高缇耶 2010 春高定）	配饰	整体布局	很有生命力

二、绘制设计稿

在进行创意人物造型设计时，设计师需要将服装、配饰、发型和化妆等元素进行整合和搭配，以创造出整体的时尚造型效果。设计师需要考虑各个元素之间的协调性和平衡性，以确保整体造型的和谐和统一，如图8-2-1、图8-2-2所示。

图8-2-1　创意人物造型设计稿（1）

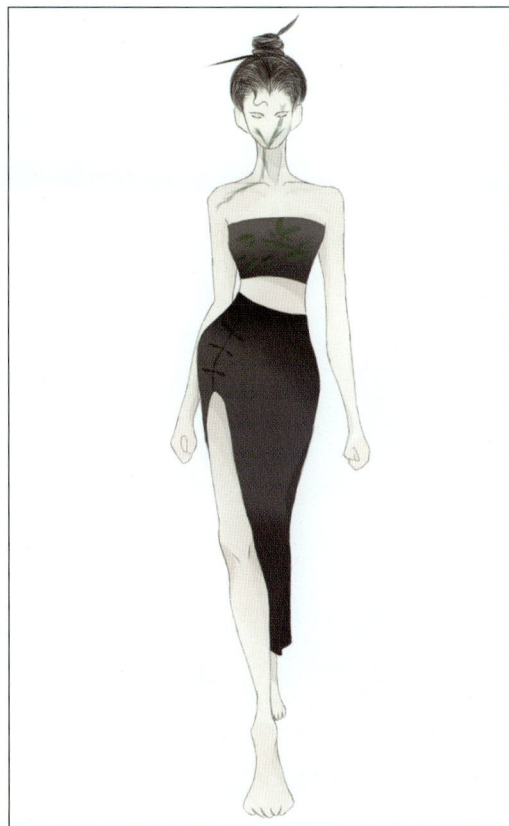

图8-2-2　创意人物造型设计稿（2）

三、主题案例

植物元素创意人物造型设计案例如图8-2-3~图8-2-6所示，根据任务评价表（表8-2-2）对植物元素创意人物造型设计效果进行评价。

图8-2-3 完整妆造（1）

图8-2-4 完整妆造（2）

图8-2-5 完整妆造（3）

图8-2-6 完整妆造（4）

表8-2-2　任务评价表

任务	评价内容	评分标准	分值	自评	互评	师评	备注
植物元素创意人物造型设计	妆面设计（30分）	底妆：底妆肤色选择具有准确性，底妆与模特皮肤衔接自然	10分				
		色彩：整体妆容色彩搭配和谐，突出主题	10分				
		材料：材料新颖，具有创造性，整体设计和谐统一	10分				
	发型设计（20分）	发型有光泽和弹性，线条流畅，层次分明，符合模特脸型，发饰具有个性特征，体现设计意图搭配得当	20分				
	整体造型（40分）	妆面、发型、服饰整体造型统一、协调，设计创新，突出主题与风格	40分				
	规范性（10分）	桌面工具摆放有序，准备工作、技术动作规范，服务态度良好、团体合作融洽，能在规定时间内完成	10分				
总分100分							

注　备注栏可记录扣分原因。

课堂笔记

_____

_____

_____

_____

_____

_____

_____

_____

_____

_____

学生练习

　　以小组为单位，按照植物元素创意人物造型设计要求，在规定时间内完成整体人物造型设计（模特分析、效果图、妆容设计与整体设计）并实施。

1.将原型照片与创意人物造型设计完成后的照片贴在下方

2.设计方案

根据所选模特的脸型、体型、发式、所选的服装造型以及模特的要求，进行综合设计（表8-2-3）。

表8-2-3　设计方案

年龄		脸型	
体型		发式	
服装款式		设计主题词	
色彩分析			
模特要求			
妆容分析			
综合设计思路			

3.绘制妆面设计稿

4.绘制造型设计稿

任务三　可持续材料创意人物造型设计

任务目标

扫二维码观看教学视频

1. 了解可持续材料的特点

2. 将可持续材料在人物造型设计中完整体现出来

3. 能够根据造型对象特点进行创意造型设计

20.可持续材料创意人物造型设计

情境描述：

　　庆庆在寝室找到一堆没用的纸，突发奇想用纸来做一套服装和头饰，完成一个人物整体造型设计。

相关知识

一、可持续材料的分析

可持续材料是指在生产、使用和处理过程中对环境和社会负责任的材料。这些材料具有以下特点。

（一）环保

可持续材料的生产和使用过程对环境的影响较小，能够减少废物排放、能源消耗和自然资源的消耗。

（二）可再生或可回收

可持续材料可以通过可再生资源生产，或者可以回收再利用，减少对有限资源的依赖。

（三）低毒性或无害

可持续材料通常对人体和环境无害，避免使用有害化学物质。

（四）社会责任

这些材料的生产和使用符合社会公平和可持续发展的原则，尊重人权和劳工权益。

常见的可持续材料包括但不限于：再生材料（如再生纸、再生塑料）、生物降解材料（如生物塑料、天然纤维）、可回收材料（如铝、钢）、可持续木材等。选择使用可持续材料有助于减少环境污染、节约资源、推动循环经济，并促进社会的可持续发展。

二、可持续材料创意人物造型设计方法

（一）研究和选择材料

首先，了解可持续材料的特点和属性。例如，使用回收材料、生物降解材料或可再生材料等。选择适合设计需求的材料，并思考如何将它们融入人物造型中。

（二）概念和故事

确定想要传达的概念或故事，这将为设计提供指导和灵感。思考人物的个性、角色和背景，以及如何通过材料和造型来表达这些元素。

（三）形式和功能

考虑人物造型的形式和功能。根据材料的特性，探索不同的形状、结构和组合方式。思考如何使人物造型设计具有可持续性，例如减少材料的浪费或使用可拆卸和可回收的设计。

（四）细节和装饰

利用可持续材料的特点，通过添加细节和装饰来增强人物造型的独特性。可以使用切割、缝合、粘贴、绘画等技巧来创造纹理和视觉效果。

（五）实验和迭代

在设计过程中进行实验和迭代。尝试不同的材料组合、结构和装饰，看看哪种效果最好。不要害怕失败，因为实验和尝试是创新的重要部分。

（六）与团队或专家合作

如果可能的话，与团队成员、设计师或相关专家合作。他们可以提供不同的视角和专业知识，帮助完善设计并解决可能遇到的挑战。

最重要的是，保持创意和对可持续性的关注，将可持续材料的特性与设计愿景相结合，创造出独特而引人注目的人物造型。

任务实施

一、寻找灵感源和参考资料

（一）自然和环境

观察自然界中的形状、纹理和颜色。植物、动物、自然界的景观等都可以提供灵感。思考如何将自然元素转化为人物造型的设计。

（二）文化和传统

研究不同文化和传统中的艺术形式、图案和符号。这些可以为人物造型带来独特的风格和意义，并与可持续材料相结合。

（三）社会问题和可持续发展目标

关注当前社会面临的问题，如气候变化、资源浪费等。思考如何通过人物造型来传达相关的信息和呼吁可持续行动。

（四）艺术和设计作品

欣赏各种艺术和设计领域的作品，包括绘画、雕塑、时装设计等。观察他们如何使用材料和形式来表达创意，并从中获得灵感。

（五）科技和创新

关注可持续材料和技术的最新发展。了解新型材料的特性和应用，以及如何将其应用于人物造型设计中。

（六）个人经历和故事

从自己的经历、兴趣和故事中获取灵感。思考如何将个人元素融入人物造型，使其更具个性和情感连接。

（七）实验和探索

通过实验和探索不同的材料和工艺，发掘新的可能性。尝试将不同材料组合在一起，创造出独特的效果。

（八）与他人交流和合作

与其他设计师、艺术家、可持续发展专家等交流和合作。分享想法和经验，从他们的视角中获得新的灵感。

记得保持开放的心态和好奇心，不断探索和尝试。灵感可以来自各个方面，多角度的思考和观察，能够帮助造型师找到适合可持续材料的创意人物造型的独特灵感来源。

二、绘制设计稿

在进行创意人物造型设计时，设计师需要将服装、配饰、发型和化妆等元素进行整合和搭配，以创造出整体的时尚造型效果。设计师需要考虑各个元素之间的协调性和平衡性，以确保整体造型的和谐和统一，如图8-3-1、图8-3-2所示。

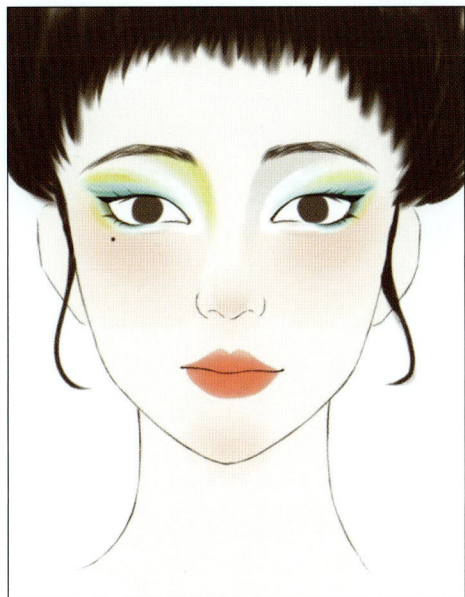

图8-3-1　创意人物造型设计稿（1）

图8-3-2 创意人物造型设计稿（2）

三、主题案例

可持续材料创意人物造型设计案例如图8-3-3所示，根据任务评价表（表8-3-1）对可持续材料创意人物造型设计效果进行评价。

图8-3-3 完整妆造

表8-3-1 任务评价表

任务	评价内容	评分标准	分值	自评	互评	师评	备注
可持续材料创意人物造型设计	妆面设计（30分）	底妆：底妆肤色选择具有准确性，底妆与模特皮肤衔接自然	10分				
		色彩：整体妆容色彩搭配和谐，突出主题	10分				
		材料：材料新颖，具有创造性，整体设计和谐统一	10分				
	发型设计（20分）	发型有光泽和弹性，线条流畅，层次分明，符合模特脸型，发饰具有个性特征，体现设计意图、搭配得当	20分				
	整体造型（40分）	妆面、发型、服饰整体造型统一、协调，设计创新，突出主题与风格	40分				
	规范性（10分）	桌面工具摆放有序，准备工作、技术动作规范，服务态度良好、团体合作融洽，能在规定时间内完成	10分				
总分100分							

注 备注栏可记录扣分原因。

课堂笔记

学生练习

以小组为单位，按照可持续材料创意人物造型设计要求，在规定时间内完成整体人物造型设计（模特分析、效果图、妆容设计与整体设计）并实施。

1.将原型照片与创意人物造型设计完成后的照片贴在下方

2.设计方案

根据所选模特的脸型、体型、发式、所选的服装造型以及模特的要求，进行综合设计（表8-3-2）。

表8-3-2　设计方案

年龄		脸型	
体型		发式	
服装款式		设计主题词	
色彩分析			
模特要求			
妆容分析			
综合设计思路			

3.绘制妆面设计稿

4.绘制造型设计稿

参考文献

[1] 小只一粒.港风穿搭的由来［EB/OL］.（2023-12-20）［2024-04-30］.https://baijiahao.baidu. com/s?id=1785801374024143397.

[2] 苏烁然，婉秋.回顾经典：1970s至2000s的女性发型之美［J］.中国化妆品，2021（2）：100-101.

[3] 周立.审美与时尚：从审美心理视角看西方20世纪60至90年代末的服装变革［J］.美术大观，2022（11）：135-139.

[4] 王楠.改革开放二十年我国女装造型研究（1978—1999）［D］.北京：北京服装学院，2020.

[5] 黄笑，章益.化妆造型实用技术［M］.上海：复旦大学出版社，2020.

[6] 李芽.脂粉春秋：中国历代妆饰［M］.北京：中国纺织出版社，2014.

[7] 李芽，陈诗宇.中国妆容之美［M］.长沙：湖南美术出版社，2021.

[8] 刘文西，陈斌.中国历代仕女画谱［M］.西安：三秦出版社，2014.

[9] 左丘萌.中国妆束：大唐女儿行［M］.北京：清华大学出版社，2020.

[10] 李秀莲.中国化妆史概说［M］.北京：中国纺织出版社，2000.

[11] 韩如月.汉代服饰审美文化研究［D］.济南：山东师范大学，2019.

[12] 李佳贝.汉代女性面妆审美研究［D］.长沙：湖南师范大学，2017.

[13] 杨楠.明代笔记中的女性服饰研究［D］.武汉：湖北大学，2019.

[14] 孙晓光.浅析明代女性发型样式艺术［J］.中国包装，2019，39（12）：57-59.

[15] 孟可.盛世华妆：唐代女性妆饰文化探究［D］.武汉：华中师范大学，2018.

[16] 楚晓娟.唐代女性面部化妆特点［J］.北京教育学院学报，2011，25（4）：65-68.

[17] 周平.唐宋两代女性服饰比较研究［D］.苏州：苏州大学，2008.

[18] 秦临."海洋元素"在现代首饰设计中的应用研究——以《海兮》系列作品为例［D］.济南：山东工艺美术学院，2022.

附录

附录一　案例赏析

时尚创意人物造型案例如附图1~附图73所示。

附图1　时尚人物造型案例（1）

附图2　时尚人物造型案例（2）

附图3　时尚人物造型案例（3）

附图4　时尚人物造型案例（4）

附图5　时尚人物造型案例（5）

附图6　时尚人物造型案例（6）

附图7　时尚人物造型案例（7）

附图8　时尚人物造型案例（8）

附图9　时尚人物造型案例（9）

附图10　时尚人物造型案例（10）　　附图11　时尚新娘造型案例（1）　　附图12　时尚新娘造型案例（2）

附图13　时尚新娘造型案例（3）　　附图14　时尚新娘造型案例（4）　　附图15　时尚新娘造型案例（5）

附图16　时尚晚宴人
物造型案例（1）

附图17　时尚晚宴人
物造型案例（2）

附图18　时尚晚宴人
物造型案例（3）

附图19　时尚晚宴人
物造型案例（4）

附图20　时尚复古人物造型案例（1）

附图21　时尚复古人物造型案例（2）

附图22　时尚复古人物造型案例（3）

附图23　时尚复古人物造型案例
（4）

附图24　时尚复古人物造型案例（5）

附图25　时尚古风人物造型案例（1）

附图26　时尚古风人物造型案例（2）

附图27　时尚古风人物造型案例（3）

附图28　时尚古风人物造型案例（4）

附图29　时尚古风人物造型案例（5）

附图30　时尚古风人物造型案例（6）

附图31　时尚古风人物造型案例（7）

附图32　时尚古风人物造型案例（8）

附图33　时尚古风人物造型案例（9）

附图34　时尚古风人物造型案例（10）

附图35　时尚古风人物造型案例（11）

附图36　时尚古风人物造型案例（12）

附图37　时尚古风人物造型案例（13）

附图38　时尚古风人物造型案例（14）

附图39 "非遗"元素创意造型案例（1）

附图40 "非遗"元素创意造型案例（2）

附图41 "非遗"元素创意造型案例（3）

附图42 "非遗"元素创意造型案例（4）

附图43 "非遗"元素创意造型案例（5）

附图44 "非遗"元素创意造型案例（6）

附图45 "非遗"元素创意造型案例（7）

附图46 "非遗"元素创意造型案例（8）

附图47 "非遗"元素创意造型案例（9）

附图48 "非遗"元素创意造
型案例（10）

附图49 "非遗"元素创意造
型案例（11）

附图50 "非遗"元素创意造型案
例（12）

附图51 "非遗"元素创意造型案例（13）

附图52 "非遗"元素创意
造型案例（14）

附图53 "非遗"元素创意造
型案例（15）

附图54 "非遗"元素创意
造型案例（16）

附图55 "非遗"元素创意造
型案例（17）

附图56 "非遗"元素创意造型案例（18）

附图57 海洋元素创意造型案例（1）

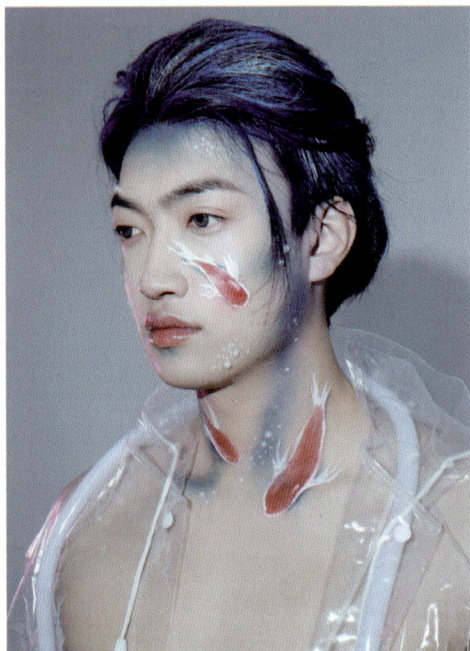

附图58　海洋元素创意造型案例（2）

附图59　海洋元素创意造型案例（3）

附图60　植物元素创意造型案例（1）

附图61　植物元素创意造型案例（2）

附图62　植物元素创意造型案例（3）

附图63　植物元素创意造型案例（4）

附图64　植物元素创意造型案例（5）

附图65　植物元素创意造型案例（6）

附图66　植物元素创意造型案例（7）

附图67　植物元素创意造型案例（8）

附图68　可持续材料创意造型案例（1）

附图69　可持续材料创意造型案例（2）

附图70　可持续材料创意造型案例（3）

附图71　可持续材料创意造型案例（4）

附图72　可持续材料创意造型案例（5）

附图73　可持续材料创意造型案例（6）

附录二　课堂笔记

课堂笔记

课堂笔记

课堂笔记

课堂笔记

课堂笔记

课堂笔记

课堂笔记

附录三　绘制妆面设计稿